Flora Alves

REVOLUÇÃO DA APRENDIZAGEM

**Transformando a Educação Corporativa em Culturas de Aprendizagem Florescentes**

Copyright© DVS Editora 2025

Todos os direitos para o território brasileiro reservados pela editora.

Nenhuma parte deste livro poderá ser reproduzida, armazenada em sistema de recuperação, ou transmitida por qualquer meio, seja na forma eletrônica, mecânica, fotocopiada, gravada ou qualquer outra, sem autorização por escrito do autor, nos termos da Lei nº 9.610/1998.

**Capa e diagramação:** Alexandre Ladvig e Gabriel Leles

**Revisão de textos:** Monica Almeida e Sergio Guerra

```
        Dados Internacionais de Catalogação na Publicação (CIP)
                (Câmara Brasileira do Livro, SP, Brasil)

    Alves, Flora
        Revolução da aprendizagem : transformando a
    educação corporativa em culturas de aprendizagem
    florescentes / Flora Alves. -- São Paulo :
    DVS Editora, 2025.

        Bibliografia.
        ISBN 978-65-5695-149-2

        1. Administração geral 2. Aprendizagem 3. Cultura
    organizacional 4. Desenvolvimento pessoal 5. Educação
    corporativa 6. Equipes no local de trabalho -
    Desenvolvimento 7. Liderança I. Título.

    25-273027                                    CDD-658.3124
                Índices para catálogo sistemático:

        1. Educação corporativa : Administração    658.3124

        Eliane de Freitas Leite - Bibliotecária - CRB 8/8415
```

**Nota:** Muito cuidado e técnica foram empregados na edição deste livro. No entanto, não estamos livres de pequenos erros de digitação, problemas na impressão ou de uma dúvida conceitual. Para qualquer uma dessas hipóteses solicitamos a comunicação ao nosso serviço de atendimento através do e-mail: atendimento@dvseditora.com.br. Só assim poderemos ajudar a esclarecer suas dúvidas.

# Flora Alves

Autora dos best sellers Gamification e Trahentem®

# REVOLUÇÃO DA APRENDIZAGEM

Transformando a Educação Corporativa em Culturas de Aprendizagem Florescentes

www.dvseditora.com.br
São Paulo, 2025

Para minha avó Ana Flora, que me deu muito
mais que seu nome, me deu a sua força.

Para minha mãe Elfrida, que me ensinou tudo
sem nunca levantar a voz.

# Sumário

| | |
|---|---|
| Reconhecimento | XV |
| Sobre este livro | XIX |

**PREFÁCIO**

| | |
|---|---|
| Elaine Biech | XXV |
| Monica Almeida | XXXVII |

## INTRODUÇÃO: A REVOLUÇÃO DA APRENDIZAGEM CORPORATIVA — 01

| | |
|---|---|
| *What's in it for me?* (WIIFM) | 02 |
| Aprendizagem precisa ser uma prioridade de RH | 07 |
| Seu espaço | 11 |

## A NECESSIDADE DA APRENDIZAGEM CONTÍNUA — 13

| | |
|---|---|
| *What's in it for me?* (WIIFM) | 14 |
| De competências a habilidades | 15 |
| Aprendizagem ao longo da vida e aprendizagem autodirigida | 17 |
| *Upskilling* e *Reskilling* para sustentabilidade dos negócios | 23 |
| Seu espaço | 26 |

## O PAPEL TRANSFORMADOR ~~DE TREINAMENTO~~ DA APRENDIZAGEM E DESENVOLVIMENTO — 29

| | |
|---|---|
| *What's in it for me?* (WIIFM) | 30 |
| O papel do profissional de aprendizagem e desenvolvimento | 31 |
| Quem somos nós? | 33 |
| Consultores de performance: uma nova perspectiva | 37 |
| Desafios da mudança e a resistência humana | 40 |
| Seu espaço | 42 |

## POR QUE A EDUCAÇÃO CORPORATIVA NÃO ESTÁ FUNCIONANDO? — 45

| | |
|---|---|
| *What's in it for me?* (WIIFM) | 46 |
| Onde estamos errando | 47 |
| Principais falhas | 48 |

| | |
|---|---|
| Falhas ou oportunidades? | 63 |
| Seu espaço | 65 |

## O CICLO COMPLETO DA APRENDIZAGEM EFETIVA — 67

| | |
|---|---|
| *What's in it for me?* (WIIFM) | 68 |
| O ciclo de experiências de aprendizagem e os sistemas de design instrucional | 70 |
| As etapas do ciclo de experiências de aprendizagem | 72 |
| As principais falhas de cada etapa e como as habilidades do consultor de performance contribuem para a sua eliminação | 74 |
| Falhas latentes | 75 |
| Falhas analíticas | 80 |
| Falhas de design | 82 |
| Falhas de implementação | 83 |
| O posicionamento estratégico mora aqui | 85 |
| Seu espaço | 87 |

## COMO PREPARAR O TERRENO PARA A TRANSFORMAÇÃO — 89

| | |
|---|---|
| *What's in it for me?* (WIIFM) | 90 |
| Nossa missão como pedra fundamental da transformação | 92 |
| Por que consultores de performance e não outra denominação? | 92 |
| Experiências de aprendizagem transformadoras | 94 |
| Aprendizagem e aprendizagem transformadora | 94 |
| Ações transversais para a construção de experiências de aprendizagem transformadoras | 95 |
| Fale a língua do negócio | 95 |
| Reconheça sua humanidade, seja um ser social: envolva os *stakeholders* | 97 |
| Mapeamento de *stakeholders* em iniciativas de aprendizagem | 100 |
| Seu espaço | 109 |

## PROMOVENDO EXPERIÊNCIAS DE APRENDIZAGEM TRANSFORMADORAS — 111

*What's in it for me?* (WIIFM) — 112

Análise — 116

Saiba o que está acontecendo no negócio — 116

Não vá em frente sem a participação dos *stakeholders* no processo — 117

Comece pelo fim — 118

A análise que transforma: desvendando o sucesso da aprendizagem corporativa — 118

Coleta de dados: seu mapa para o sucesso — 119

Métodos para uma análise transformadora — 119

Documente a análise e atribua valor ao seu trabalho — 121

Objetivo de aprendizagem: a bússola que transforma a educação corporativa — 123

Design — 124

Os cinco momentos de necessidade — 125

As quatro fases de aprendizagem — 127

Dicas valiosas sobre design — 134

Implementação — 137

Slow Learning X Agile — 139

Avaliação — 140

Seu espaço — 142

## CULTIVANDO UMA CULTURA DE APRENDIZAGEM FLORESCENTE — 145

*What's in it for me?* (WIIFM) — 146

Conexão como superpotência e cultura de aprendizagem florescente — 149

O papel da liderança e ambiente favorável à transferência — 149

Ações transversais junto aos líderes que favorecem o cultivo de uma cultura de aprendizagem florescente — 150

Ecossistemas de aprendizagem — 151

Componentes do ecossistema — 152

Seu espaço — 156

## FUNDAMENTOS PARA NUTRIR UMA CULTURA DE APRENDIZAGEM FLORESCENTE — 159

*What's in it for me?* (WIIFM) — 160

Organizando conceitos — 162

Aprendizagem — 162

Treinamento — 162

Instrução — 162

Formação — 162

Experiência de aprendizagem completa — 162

Experiência de aprendizagem transformadora — 163

Design de experiências de aprendizagem transformadoras — 163

Educação corporativa — 163

Universidade corporativa — 163

Ciclo de experiências de aprendizagem — 164

Sistemas de design instrucional — 164

*Stakeholders* em iniciativas de aprendizagem corporativa — 164

Ecossistema de aprendizagem — 164

Cultura de aprendizagem florescente — 164

Consultor de performance — 165

Habilidades do consultor de performance — 165

**Pilares da cultura de aprendizagem florescente** — 165

Reconhecimento de Influenciadores de performance — 166

Aprendizagem conectada à performance — 166

Segurança psicológica — 166

Aprendizagem é guarda compartilhada — 166

Aprendizagem formal e informal — 166

Aprendizes ao longo da vida e autodirigidos — 166

Seu espaço — 168

## MAPEAMENTO DO NÍVEL DE MATURIDADE DA CULTURA DE APRENDIZAGEM — 171

*What's in it for me?* (WIIFM) — 172

Nível de maturidade da cultura de aprendizagem — 173

O que é mapeamento do nível de maturidade da cultura de aprendizagem — 173

| | |
|---|---|
| Objetivos do mapeamento | 174 |
| Benefícios do mapeamento | 175 |
| Metodologia | 176 |
| Etapas do mapeamento | 176 |
| Critérios do mapeamento | 178 |
| Técnicas de coletas de dados | 182 |
| Classificação no nível de maturidade | 183 |
| Tabulação, análise, apresentação de dados e priorização de recomendações | 185 |
| Seu espaço | 192 |

## DA TEORIA À PRÁTICA: ILUMINANDO O CAMINHO COM EXEMPLOS DO MUNDO REAL — 195

| | |
|---|---|
| *What's in it for me?* (WIIFM) | 196 |
| Caso EXPAMD Lab - Petrobras | 199 |
| O desenvolvimento de um Programa Nacional de Capacitação | 203 |
| Seu espaço | 210 |

## REFERÊNCIA BIBLIOGRÁFICA — 213

# Reconhecimento

*Reconheço todos os dias, no espelho e em meu trabalho,
a potência da semente plantada pelo meu pai.*

O termo reconhecimento pode ser utilizado com significados que variam de acordo com o contexto. Aqui, o reconhecimento tem o significado primordial de demonstrar gratidão àqueles que mais diretamente contribuíram para que a aventura de escrever este livro fosse possível e divertida.

Sérgio Guerra, sou eternamente grata a você por acreditar em mim e me incentivar, além de oferecer suporte para eu fazer tudo aquilo que desejo e preciso em todas as dimensões da minha vida. Contar com você fazendo a primeira leitura de cada capítulo, apontando melhorias, ao mesmo tempo em que se orgulhava do resultado, foi fundamental para que eu tivesse ritmo e fluidez.

Este é um livro sobre Cultura de Aprendizagem, e é impossível desconectar este tema da cultura de uma organização, que se faz presente no jeito que as coisas acontecem nesse ambiente e na forma como as relações se constroem em uma empresa. Tenho orgulho e agradeço ao *#DreamTeamSG*, que me mostra todos os dias que somos capazes de fazer tudo aquilo que sonhamos. Luana Melem, Michelle Franklin, Pedro Victor Cabral e Raphael Guerra, obrigada por materializarem a nossa cultura em tudo o que fazem.

Contar com vocês, Alexandre Ladvig e Gabriel Leles, na concepção do projeto gráfico e na capa foi um verdadeiro presente. A paixão de vocês está presente na execução de cada detalhe, na paciência com as idas e vindas necessárias para que o projeto gráfico vestisse o conteúdo com beleza, abraçando o leitor e priorizando o suporte ao aprendizado. Obrigada pela dedicação.

Mônica Almeida, tem tanto das nossas trocas, inquietações e paixões em cada linha! Foi muito bom contar com a sua leitura cuidadosa, técnica e quase em tempo real para que você pudesse contribuir com insights e, claro, com o prefácio.

Natália Ribeiro, que alegria contar com você para a escrita sobre o desenvolvimento de um programa nacional de capacitação, justamente no capítulo que tem o objetivo de inspirar o leitor para a prática. Este foi o seu primeiro grande projeto na SG, e sua maestria na condução deste trabalho foi fundamental para o sucesso. Você me inspira e me ensina muito em nossas sessões de mentoria reversa disfarçadas de conversas do dia a dia.

A coerência é valor inegociável para mim. Talvez por isso eu sinta tanto orgulho e tenha tanto a agradecer ao Luís Gustavo Corbellini e à equipe da Corb Science Solutions, com quem colaboramos por mais de um ano na execução do projeto que você, leitor, irá conhecer no capítulo 10. Diálogo, respeito e aprendizagem são as palavras que coroam esta parceria. Obrigada!

Generosidade é a palavra que marca a contribuição de Delmir Peixoto, da Petrobras, por ter nos recebido não só em situações formais de trabalho, mas também para conhecer de perto a estrutura do EXPAMD Lab (Laboratório de Experiências de Aprendizagem com Metodologias Disruptivas), recurso dedicado dentro da Universidade Petrobras, que é um verdadeiro exemplo na promoção da cultura de inovação, em experiências de aprendizagem inovadoras e em projetos de inovação educacional.

Este livro só chega a lugares que nem a minha imaginação alcança graças ao trabalho primoroso da DVS Editora. Alexandre Mirshawka, é uma honra trabalhar com vocês e um privilégio desfrutar da confiança deste time, que tem toda a minha admiração e respeito.

Reconhecer também tem o sentido de aceitar. Por isso, aceito, no sentido de reconhecer como verdadeiro, que nada em minha vida teria sido possível sem as incontáveis pessoas que fizeram e fazem parte da minha existência, que é uma construção diária e incansável, na busca por deixar um legado relevante.

# Sobre este livro

Revolução da Aprendizagem nasce da coragem de reconhecer que precisamos mudar a forma como fazemos Educação Corporativa e da urgência de aproximar definitivamente a aprendizagem do negócio. Para que isso seja possível, é preciso aceitar que nossos esforços para *upskilling* e *reskilling* não estão resultando em treinamentos e programas de desenvolvimento efetivos e abrir espaço para as reflexões e ações que mobilizarão as mudanças necessárias.

Este livro tem o objetivo de contribuir com esse processo, desde a compreensão do cenário atual e do perfil profissional necessário para articular essa transição (Consultor de Performance) até práticas que ajudarão você a mapear o nível de maturidade atual da cultura de aprendizagem de sua organização, identificando o futuro desejado, priorizando as ações que promoverão a transformação de modo a conectar a aprendizagem à performance das pessoas e aos objetivos estratégicos de sua organização.

Essa mudança não é um caminho solitário, e sim coletivo. Por isso, foi escrito para profissionais de RH, T&D e líderes, **organizado de modo a oferecer um mapa, contribuindo para que cada um se localize nesse processo e possa contribuir para o cultivo de uma Cultura de Aprendizagem Florescente.**

### A estrutura

A primeira parte, composta pelos capítulos 1, 2 e 3, oferece a compreensão do novo cenário da aprendizagem por meio da visão do contexto atual, que exige como nunca o imperativo da aprendizagem contínua, evidenciando a cultura de aprendizagem como essencial para a criação de um ambiente favorável para que isso aconteça, de modo a dar suporte aos novos modelos de habilidades.

Esta parte também aborda as habilidades necessárias para o profissional que será responsável por articular as relações que conectam a cultura de aprendizagem aos objetivos do negócio, além de analisar as principais falhas na Educação Corporativa que precisam ser corrigidas.

XX ■ REVOLUÇÃO DA APRENDIZAGEM

A segunda parte traz os capítulos 4, 5 e 6, que oferecem a visão geral de todas as etapas que precisam ser consideradas para que as experiências de aprendizagem sejam transformadoras, impactando a performance das pessoas e o resultado do negócio ao mesmo tempo em que conectam as habilidades do Consultor de Performance a cada etapa dessa construção.

Essa parte também evidencia a aprendizagem como um processo, bem como os papéis e responsabilidades de cada *stakeholder* em cada fase, uma vez que a responsabilidade pela aprendizagem é compartilhada e não compartimentalizada em uma área ou departamento.

Na terceira parte, os capítulos 7, 8 e 9 oferecem ao leitor o caminho para a transformação de modelos tradicionais de Educação Corporativa em Culturas de Aprendizagem Florescentes. O leitor conhecerá os fundamentos para nutrir essa cultura e descobrirá como mapear o Nível de Maturidade da Cultura de Aprendizagem de maneira estruturada, colaborativa e baseada na coleta de dados, de modo a priorizar as ações necessárias para a transição.

Na quarta, e última parte, apresento a você, leitor, o capítulo 10, com o objetivo de inspirar você por meio de práticas que foram recomendadas ao longo da leitura dos capítulos anteriores, para que reflita sobre o i̶m̶possível, assumindo a missão de semeador de uma Cultura de Aprendizagem Florescente.

### Os capítulos

A abertura de cada capítulo foi elaborada como uma base lógica para que você tenha clareza do que está ali para você e possa exercer sua autonomia sobre a ordem de leitura. Pensei bastante em como nomear essa base lógica e decidi manter o acrônimo *WIIFM*, do inglês — *What is in for me* ou "o que isso interessa para mim". Afinal, em um mundo cada vez mais conectado, nem sempre a tradução carrega em si o significado original.

O fechamento de cada capítulo é seu espaço reflexivo. Exercite o *slow learning*, ouse pausar para refletir sobre a leitura e os *insights* que o capítulo trouxe para você, seja no seu trabalho ou na sua vida, de maneira geral.

Hermann Ebbinghaus, responsável pela curva do esquecimento, demonstrou que a memória se degrada com o tempo, especialmente para informações novas e não revisadas. Por isso, incentivo você a revisitar mentalmente a leitura de cada capítulo, com o olhar voltado para um ponto de partida — ou seja, por onde começar para implementar ainda que seja um pequeno *insight*.

Uma Cultura de Aprendizagem Florescente não se cultiva de maneira solitária; por isso, convido você a refletir sobre quem envolver na aplicação do que aprendeu. A partir do capítulo 2, você pode até pensar nas habilidades necessárias para isso!

Por fim, não deixe de registrar os recursos que serão necessários. Gosto muito de fazer isso, pois muitas vezes percebemos que é necessário menos investimento do que imaginamos para fazer o plantio acontecer.

## Prefácio

Escrito por último e localizado na abertura de uma obra, ele é o grande responsável por apresentar a obra ao leitor. Entre os meus sonhos mais secretos estava o desejo de ter o prefácio deste livro escrito por mulheres que significam muito para mim. Não apenas profissionalmente, mas por serem pessoas que admiro, valorizo e que me inspiram a ser melhor todos os dias. Foi sonhando que decidi juntar Elaine Biech e Monica Almeida para apresentar este livro a você.

Elaine, considerada "um titã" da indústria de treinamento, já publicou mais de 80 livros, incluindo o best-seller *The Art and Science of Training*, uma obra de arte que você verá sendo citada aqui inúmeras vezes. Ela já foi destaque em publicações como o *Wall Street Journal, Washington Post* e *Fortune*. Contudo, Elaine é muito mais que isso. Ela é uma mulher gentil e presente, que olha profundamente nos nossos olhos, sem nos atravessar, e nos lembra que somos potência e estamos aqui para florescer.

Monica Almeida é muito mais que uma parceira de trabalho; é uma parceira de vida que acompanho há muito tempo e cujo florescimento tenho o prazer de acompanhar todos os dias. Competente e apaixonada pelo que faz com maestria, ela materializa o que mais acredito por meio da habilidade de valorizar o caminho que já percorremos, ao mesmo tempo em que mantemos a mente curiosa do aprendiz, tendo a certeza de que ainda há muito mais a aprender.

### Sobre o uso de Inteligência Artificial (IA)

Como uma *lifelong learner*, usei IA exclusivamente para a verificação da correção ortográfica, para testar a coerência da estrutura e do encadeamento das ideias, e para traduzir o manuscrito para o inglês antes de enviá-lo a Elaine Biech.

### E depois da leitura?

Quero convidar você a se conectar comigo para trocarmos experiências. Quero saber sobre os efeitos da leitura e sobre sua aplicabilidade. Desejo aprender com você, para que juntos possamos ampliar nossos horizontes.

Boa leitura!

**Flora Alves**

@florabalves

flora@learningsg.com

# Prefácio

## FOREWORD
## BY ELAINE BIECH

A versão em inglês foi mantida para preservar o sentido e pelo que significa para mim.
A seguir você encontra a versão em português.

In every generation, a handful of voices rise above the noise—voices that don't just echo the status quo but challenge it, stretch it, and ultimately help us redefine what's possible. Flora Alves is one of those voices. With *The Corporate Learning Revolution*, she offers us far more than a book. She offers a call to action—a manifesto for change that is both timely and necessary.

For decades, corporate learning has largely been treated as a logistical problem: schedules, venues, budgets, and content delivery methods. We've built robust training calendars, optimized LMS platforms, and designed courses packed with content. Yet somewhere along the way, we forgot the essence of learning—it is not simply about *delivering* information but about *transforming* people.

Flora reminds us of this fundamental truth with clarity, courage, and conviction. She begins her work with a challenge that rings true for every learning professional who has ever asked, *"Why aren't they applying what we taught?"* or *"Why does this training feel so disconnected from our actual work?"* The answer lies not in better slides, more engaging eLearning modules, or flashier training sessions. The answer lies in a profound shift in how we think about learning inside organizations.

## From Transaction to Transformation

The *Corporate Learning Revolution* presents a powerful premise: learning is not a service. It's a shared responsibility—woven into the fabric of an organization's culture, strategy, and leadership. This may sound simple, but it represents a monumental shift in mindset. Training departments have long been seen as service providers, responding to requests and organizing sessions. In Flora's vision, they become strategic partners—designers of experience, architects of growth, and catalysts of culture.

This book pushes us to move beyond the transactional approach to corporate education and embrace a more human, dynamic, and integrated model. Flora articulates what many of us have felt for years but struggled to express: the old model is broken. Learning must no longer be confined to the four walls of a classroom or the click-throughs of an online module. It must be embedded in the flow of work, connected to real challenges, and tied to strategic outcomes.

## Design Thinking Meets Corporate Learning

One of the most powerful ideas Flora presents is the importance of **design** in the learning process—not just instructional design in the traditional sense, but a broader, more holistic approach that considers the full employee experience. She urges us to think like designers: to empathize, to co-create, to prototype, to test, and to adapt.

In this way, Flora connects two powerful disciplines—design thinking and corporate education—into one framework. It's not enough to teach skills. We must *design* experiences that make learning irresistible, relevant, and real. We must cultivate environments where curiosity is rewarded, experimentation is safe, and reflection is routine.

In a world that demands agility, adaptability, and constant reinvention, Flora's emphasis on design is not a luxury. It is a necessity. And she shows us how to do it—not with vague platitudes, but with practical strategies and real-world examples that will resonate with professionals at all levels.

## A Mindset Shift for Leaders

While this book is written for learning professionals, its lessons extend far beyond the walls of HR or T&D departments. Flora makes it clear: if we want to build a culture of learning, our leaders must lead the way. They must model curiosity, encourage experimentation, and make development a core part of their team's daily rhythm.

Too often, leaders see learning as something that happens "over there"—a separate activity handled by someone else. Flora dismantles this illusion with precision and insight. She calls upon leaders to shift their mindset—from managing tasks to cultivating talent, from directing to developing, from knowing the answers to asking better questions.

Her message is clear: building a learning culture isn't a program. It's a way of being. And it starts at the top.

## The Revolution Requires New Skills

The pace of change in today's workplace is relentless. Job roles evolve, technologies emerge, and industries transform seemingly overnight.

In this volatile environment, static knowledge quickly becomes obsolete. The only sustainable competitive advantage is the capacity to learn and adapt faster than the competition.

Flora recognizes this urgency and presents a bold vision for the role of HR and learning professionals. We are not administrators of content. We are enablers of change. We must cultivate new skills—not just in facilitation and design, but in data analysis, change management, stakeholder engagement, and strategic thinking.

She introduces the idea of the **Performance Consultant**—a trusted advisor who understands the business, challenges assumptions, diagnoses problems, and designs solutions that drive performance. This role demands a new mindset, new tools, and new partnerships across the organization. And it's a role Flora believes we must all be prepared to embrace.

## Mapping the Maturity of Learning Culture

By the time readers reach the final chapter, they will have journeyed through a rich landscape of ideas, models, and insights. But Flora doesn't leave us with inspiration alone. She gives us a map.

Chapter 9 introduces a detailed and practical methodology for **mapping the maturity level of a learning culture** within an organization. This is where Flora's thought leadership becomes operational—where the revolution turns into action.

She offers a framework grounded in the Learning Experience Cycle—analysis, design, implementation, and evaluation—and provides tools for assessing each stage. Through surveys, collaborative meetings, field visits, and data analysis, professionals can gain a deep understanding of where their organization stands, where it needs to go, and how to get there.

This process does more than evaluate. It engages. It invites dialogue. It fosters ownership. And most importantly, it aligns learning efforts with business objectives—ensuring that development is not just an HR initiative, but a strategic imperative.

## Insights That Spark Change

What makes *The Corporate Learning Revolution* so compelling is not just its content but its **tone**. Flora writes with the perfect blend of urgency and optimism. She is unafraid to critique what's broken, but she never stops believing in what's possible.

Her writing is clear, direct, and deeply informed by experience. You can tell she has lived these challenges, navigated these systems, and guided real organizations through transformation. She is not theorizing from the sidelines—she's been in the arena.

As you turn these pages, you'll find insights that spark ideas. You'll recognize patterns in your own organization. You'll feel validated, challenged, and inspired. And you'll walk away with practical steps to take action—whether you're just starting your journey or are already leading the charge.

## For Learning Professionals, Leaders, and Changemakers

This book is for anyone who believes that people are the heart of any organization—and that helping them grow is not a nice-to-have, but a must-have. It's for Chief Learning Officers who are rethinking strategy. It's for HR leaders seeking relevance. It's for training professionals tired of checking boxes and ready to make a real impact.

But perhaps most of all, it's for changemakers—those brave enough to challenge outdated models, bold enough to try new approaches, and wise enough to know that learning is not an event but a culture.

Flora Alves doesn't just advocate for a revolution in corporate learning—she equips us to lead it. She hands us the mindset, the methods, and the momentum to move forward with purpose.

## The Revolution Starts with You

As someone who has spent a career championing learning, I can say with confidence that *The Corporate Learning Revolution* is one of the most important contributions to our field in recent years. It's visionary, practical, and deeply human.

Flora has done a great job of defining the problem and proposing solutions. She doesn't just describe the challenges—we all know they exist. She lays out a compelling vision and equips us with the tools to rise to the moment. We all need to seize the opportunity to ensure everything we do results in success. Reading *The Corporate Learning Revolution* will expand your perspective. Applying the concepts will elevate your practice. And embracing its message can transform your organization.

But the real spark? That's up to you.

The revolution is here. The future of corporate learning is no longer about classrooms and calendars. It's about culture, connection, and continuous evolution. Flora Alves is leading the way. Let's follow her, and let's get to work.

Now it's your turn. The revolution starts with you. Let's get to it.

**Elaine Biech, CPTD Fellow**

Consultant, Trainer, and Advocate for Lifelong Learning
Author, #1 best seller *The Art and Science of Training*
Founder of ebb associates inc

# Prefácio

## POR ELAINE BIECH

Em toda geração, um punhado de vozes se eleva acima do ruído – vozes que não apenas ecoam o **status quo**, mas o desafiam, o expandem e, em última análise, nos ajudam a redefinir o que é possível. Flora Alves é uma dessas vozes. Com **Revolução da Aprendizagem: Transformando a Educação Corporativa em Culturas de Aprendizagem Florescentes**, ela nos oferece muito mais do que um livro. Ela oferece um chamado à ação – um manifesto por uma mudança que é oportuna e necessária.

Por décadas, a aprendizagem corporativa tem sido amplamente tratada como um problema logístico: horários, locais, orçamentos e métodos de entrega de conteúdo. Construímos calendários de treinamento robustos, otimizamos plataformas LMS e projetamos cursos repletos de conteúdo. No entanto, em algum lugar ao longo do caminho, esquecemos a essência da aprendizagem – não se trata simplesmente de *entregar* informações, mas de *transformar* pessoas.

Flora nos lembra dessa verdade fundamental com clareza, coragem e convicção. Ela começa seu trabalho com um desafio que ressoa em todo profissional de aprendizagem que já se perguntou: *"Por que eles não estão aplicando o que ensinamos?"* ou *"Por que este treinamento parece tão desconectado do nosso trabalho real?"*. A resposta não está em slides melhores, módulos de *e-learning* mais envolventes ou sessões de treinamento mais chamativas. A resposta está em uma mudança profunda em como pensamos sobre a aprendizagem dentro das organizações.

## Da Transação à Transformação

*Revolução da Aprendizagem* apresenta uma premissa poderosa: a aprendizagem não é um serviço. É uma responsabilidade compartilhada – tecida na estrutura da cultura, estratégia e liderança de uma organização. Isso pode parecer simples, mas representa uma mudança monumental na mentalidade. Os departamentos de treinamento têm sido vistos há muito tempo como prestadores de serviços, respondendo a solicitações e organizando sessões. Na visão de Flora, eles se tornam parceiros estratégicos –*designers* de experiência, arquitetos do crescimento e catalisadores de cultura.

Este livro nos impulsiona a ir além da abordagem transacional da educação corporativa e a abraçar um modelo mais humano, dinâmico e integrado. Flora articula o que muitos de nós sentimos há anos, mas lutamos para expressar: o modelo antigo está quebrado. A aprendizagem não deve mais se limitar às quatro paredes de uma sala de aula ou aos cliques de um módulo *online*. Ela deve estar incorporada ao fluxo de trabalho, conectada a desafios reais e vinculada a resultados estratégicos.

### *Design Thinking* Encontra a Aprendizagem Corporativa

Uma das ideias mais poderosas que Flora apresenta é a importância do **design** no processo de aprendizagem – não apenas o *design* instrucional no sentido tradicional, mas uma abordagem mais ampla e holística que considera a experiência completa do colaborador. Ela nos incentiva a pensar como *designers*: a ter empatia, a cocriar, a prototipar, a testar e adaptar.

Dessa forma, Flora conecta duas disciplinas poderosas – *design thinking* e educação corporativa – em uma única estrutura. Não basta ensinar habilidades. Devemos desenhar experiências que tornem a aprendizagem irresistível, relevante e real. Devemos cultivar ambientes onde a curiosidade seja recompensada, a experimentação seja segura e a reflexão seja rotineira.

Em um mundo que exige agilidade, adaptabilidade e reinvenção constante, a ênfase de Flora no *design* não é um luxo. É uma necessidade. E ela nos mostra como fazer isso – não com clichês vagos, mas com estratégias práticas e exemplos do mundo real que ressoarão com profissionais de todos os níveis.

### Uma Mudança de Mentalidade para Líderes

Embora este livro seja escrito para profissionais de aprendizagem, suas lições se estendem muito além das paredes dos departamentos de RH ou T&D. Flora deixa claro: se quisermos construir uma cultura de aprendizagem, nossos líderes devem liderar o caminho. Eles devem modelar a curiosidade, incentivar a experimentação e tornar o desenvolvimento uma parte essencial do ritmo diário de sua equipe.

Muitas vezes, os líderes veem a aprendizagem como algo que acontece "lá" – uma atividade separada tratada por outra pessoa. Flora desmantela essa ilusão com precisão e *insight*. Ela convoca os líderes a mudarem sua mentalidade – de gerenciar tarefas a cultivar talentos, de dirigir a desenvolver, de saber as respostas a fazer perguntas melhores.

Sua mensagem é clara: construir uma cultura de aprendizagem não é um programa. É uma forma de ser. E começa no topo.

## A Revolução Requer Novas Habilidades

O ritmo da mudança no local de trabalho atual é implacável. Os papéis de trabalho evoluem, as tecnologias emergem e as indústrias se transformam quase da noite para o dia. Neste ambiente volátil, o conhecimento estático rapidamente se torna obsoleto. A única vantagem competitiva sustentável é a capacidade de aprender e se adaptar mais rapidamente do que a concorrência.

Flora reconhece essa urgência e apresenta uma visão ousada para o papel dos profissionais de RH e aprendizagem. Não somos administradores de conteúdo. Somos facilitadores da mudança. Devemos cultivar novas habilidades – não apenas em facilitação e *design*, mas em análise de dados, gestão de mudanças, engajamento de *stakeholders* e pensamento estratégico.

Ela apresenta a ideia do **Consultor de Performance** – um conselheiro de confiança que entende os negócios, desafia as suposições, diagnostica problemas e desenha soluções que impulsionam o desempenho. Essa função exige uma nova mentalidade, novas ferramentas e novas parcerias em toda a organização. E é um papel que Flora acredita que todos devemos estar preparados para abraçar.

## Mapeando a Maturidade da Cultura de Aprendizagem

Quando os leitores chegarem ao capítulo final, eles terão viajado por uma rica paisagem de ideias, modelos e *insights*. Mas Flora não nos deixa apenas com inspiração. Ela nos dá um mapa.

O Capítulo 9 apresenta uma metodologia detalhada e prática para **mapear o nível de maturidade de uma cultura de aprendizagem** dentro de uma organização. É aqui que a liderança de pensamento de Flora se torna operacional – onde a revolução se transforma em ação.

Ela oferece uma estrutura fundamentada no Ciclo de Experiências de Aprendizagem – análise, *design*, implementação e avaliação – e fornece ferramentas para avaliar cada etapa. Por meio de pesquisas, reuniões colaborativas, visitas de campo e análise de dados, os profissionais podem obter uma compreensão profunda de onde sua organização está, para onde precisa ir e como chegar lá.

Este processo faz mais do que avaliar. Ele envolve. Ele convida ao diálogo. Ele promove o senso de responsabilidade. E, mais importante, alinha os esforços de aprendizagem com os objetivos de negócios – garantindo que o desenvolvimento não seja apenas uma iniciativa de RH, mas um imperativo estratégico.

### *Insights* que desencadeiam a Mudança

O que torna **Revolução da Aprendizagem: Transformando a Educação Corporativa em Culturas de Aprendizagem Florescentes** tão atraente não é apenas seu conteúdo, mas seu tom. Flora escreve com a mistura perfeita de urgência e otimismo. Ela não tem medo de criticar o que está quebrado, mas nunca deixa de acreditar no que é possível.

Sua escrita é clara, direta e profundamente informada pela experiência. Você pode dizer que ela viveu esses desafios, navegou por esses sistemas e guiou organizações reais por meio da transformação. Ela não está teorizando das laterais – ela está na arena.

Ao folhear estas páginas, você encontrará insights que despertam ideias. Você reconhecerá padrões em sua própria organização. Você se sentirá validado, desafiado e inspirado. E você sairá com etapas práticas para agir – quer esteja apenas começando sua jornada ou já esteja liderando a mudança.

### Para Profissionais de Aprendizagem, Líderes e Agentes de Mudança

Este livro é para qualquer pessoa que acredite que as pessoas são o coração de qualquer organização – e que ajudá-las a crescer não é um "bom ter", mas um "dever ter". É para (*Chief Learning Officers* que estão repensando a estratégia. É para líderes de RH que buscam relevância. É para profissionais de treinamento cansados de marcar tarefas como concluídas e prontos para causar um impacto real.

Mas, talvez acima de tudo, seja para agentes de mudança – aqueles corajosos o suficiente para desafiar modelos desatualizados, ousados o suficiente para experimentar novas abordagens e sábios o suficiente para saber que a aprendizagem não é um evento, mas uma cultura.

Flora Alves não apenas defende uma revolução na aprendizagem corporativa – ela nos equipa para liderá-la. Ela nos entrega a mentalidade, os métodos e o ímpeto para avançar com propósito.

## A Revolução Começa com Você

Como alguém que passou uma carreira defendendo a aprendizagem, posso dizer com confiança que *Revolução da Aprendizagem: Transformando a Educação Corporativa em Culturas de Aprendizagem Florescentes* é uma das contribuições mais importantes para o nosso campo nos últimos anos. É visionário, prático e profundamente humano.

Flora fez um ótimo trabalho ao definir o problema e propor soluções. Ela não apenas descreve os desafios – todos nós sabemos que eles existem. Ela apresenta uma visão atraente e nos equipa com as ferramentas para enfrentar o momento. Todos nós precisamos aproveitar a oportunidade para garantir que tudo o que fazemos resulte em sucesso.

Ler *Revolução da Aprendizagem* expandirá sua perspectiva. Aplicar os conceitos elevará sua prática. E abraçar sua mensagem pode transformar sua organização.

Mas a verdadeira faísca? Isso depende de você.

A revolução está aqui. O futuro da aprendizagem corporativa não se resume mais a salas de aula e calendários. Trata-se de cultura, conexão e evolução contínua. Flora Alves está liderando o caminho. Vamos segui-la e vamos trabalhar.

Agora é sua vez. A revolução começa com você. Vamos lá!

**Elaine Biech, CPTD Fellow**

Consultora, Instrutora e Defensora da Aprendizagem ao Longo da Vida
Autora, best-seller nº 1, de *A Arte e a Ciência do Treinamento*
Fundadora da ebb associates inc

# Prefácio

## POR MONICA ALMEIDA

> *Aprendizagem é guarda compartilhada — é esforço de uma aldeia inteira, em um movimento que envolve colaboração e exige preparo.*

Conheci a Flora em 2006, em uma pós-graduação de Administração de RH na FAAP. Éramos colegas em uma turma maravilhosa, e tenho ótimas lembranças desse tempo. Eu admirava como a Flora transitava pela turma, escutava e propunha soluções. Os papos eram assertivos, respeitosos, cheios de análises e provocações sobre "a forma como as coisas eram feitas" — lá mesmo na faculdade, mas especialmente no mundo do trabalho. Este livro tem muito disso.

O Fórum Econômico Mundial destaca que o pensamento analítico é a habilidade mais demandada por empresas globalmente, sendo considerada essencial para a adaptação às transformações tecnológicas e à crescente complexidade dos ambientes de trabalho. Eles definem pensamento analítico como a capacidade de compreender e processar informações para identificar padrões, resolver problemas e tomar decisões fundamentadas.

Afinal, não seria essa definição uma parte do desempenho que esperam de nós, profissionais da área de Pessoas e Aprendizagem? Seja sua atuação generalista, especialista ou operacional; iniciante, mais experiente ou nível ninja — estou certa de que o pensamento analítico faz parte da sua rotina.

**E o que mais você vai encontrar neste livro?** Capítulos profundos e estratégicos, com tópicos e discussões que já estão em nossas pautas com a alta liderança das organizações. Argumentos necessários para que possamos acompanhar a velocidade das mudanças — sem que isso signifique uma abordagem superficial ou sem fundamento.

Aliás, devo mencionar que diversos trechos tocam em algumas de nossas dores como profissionais da área de Pessoas e Aprendizagem. Mas fique tranquilo: os analgésicos também são prescritos com maestria pela autora, com referências e citações de outros profissionais da área, em formato de conversa.

Quase duas décadas depois de conhecer Flora Alves, me sinto honrada em poder atuar ao seu lado na SG Aprendizagem, onde ela é sócia e *Chief Learning Officer*.

Deixo aqui meu convite à leitura, que são as palavras dela sempre que iniciamos um projeto de aprendizagem: **divirta-se!**

**Monica Almeida**

Especialista em Aprendizagem Corporativa
Designer e Facilitadora

*"Aprendizagem é uma questão humana e não um problema logístico."*

(Flora Alves)

INTRODUÇÃO

# A revolução da aprendizagem corporativa

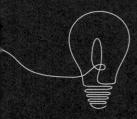

# WHAT'S IN IT FOR ME?
## (WIIFM)

Na introdução, você irá encontrar estímulo para refletir sobre a necessidade de uma transformação na área de aprendizagem corporativa. Você irá reconhecer que aprendizagem não é um problema logístico, mas uma questão humana que exige uma abordagem transformadora.

**Ideias centrais:**

- Aprendizagem como responsabilidade compartilhada;
- Mudança de *mindset*;
- Conexão com o negócio.

Escrever um livro é uma grande experiência de aprendizagem e, por isso, uma experiência única para cada autor. Minha jornada sempre começa com uma faísca, uma inquietação que vai se alastrando e se transforma em desejo de compartilhar aprendizados e perspectivas que possam facilitar a vida do leitor e simplificar seu trabalho. Acredite, isso não é uma tarefa fácil, embora seja apaixonante.

Gosto de escrever como se estivesse conversando com você, pois ao escrever sinto como se estivéssemos juntos em um lugar agradável, tecendo conversas significativas sobre como tornar nosso trabalho mais efetivo. Escolho esta palavra para imprimir o sentido de sermos capazes de produzir efeitos reais.

Meu desejo é que este livro chegue a muitas mãos e que possa funcionar como uma verdadeira faísca, disseminando a ideia de que **a aprendizagem eficaz é responsabilidade compartilhada**, ou seja, é responsabilidade de todos e não de uma única área.

A paixão pela escrita e pela aprendizagem, que impulsionou a criação deste livro, surgiu da constatação de uma profunda dissonância. Minha própria busca por conhecimento eficaz espelha a luta das organizações para se adaptarem às novas realidades do mercado de trabalho. A velocidade das mudanças tecnológicas e a crescente necessidade de adaptação exigem uma revolução na aprendizagem corporativa, um tema que exploraremos profundamente nas páginas seguintes.

Por isso, líderes, profissionais de recursos humanos e profissionais em busca de desenvolvimento, convido vocês a se acomodarem confortavelmente, com uma bebida quentinha ao lado, para refletirmos juntos sobre o que todos nós podemos fazer para transformar a aprendizagem em performance melhorada.

Este livro é também sobre *design* partindo da premissa que o *design* seja visto como uma disciplina orientada para a solução de problemas, mas ele não é só sobre *Design* ~~Instrucional~~ de Aprendizagem[1]. Ele se propõe a contribuir para que você promova as mudanças necessárias para sua organização migrar de modelos de educação corporativa tradicionais para Culturas de Aprendizagem robustas que contribuam para a melhoria da performance das pessoas de maneira conectada às necessidades dos negócios.

---

1 - *Design de Aprendizagem com uso de Canvas* – DVS – Flora Alves.

Para compreender as razões pelas quais essa mudança é necessária, precisamos refletir sobre como chegamos aos modelos atuais de educação corporativa. Isso passa pela evolução da área de Recursos Humanos, que espelha a evolução do mundo corporativo, passando de um departamento burocrático a um parceiro estratégico fundamental para a construção de organizações de alto desempenho.

No período pós-Segunda Guerra Mundial, início do século XX, período marcado pela Segunda Revolução Industrial, o RH desempenhava funções administrativas. Seu foco estava na gestão da folha de pagamento, controle de ponto e cumprimento da legislação trabalhista. A aprendizagem, quando oferecida, era fragmentada e limitada a treinamentos técnicos, com pouca ou nenhuma ênfase no desenvolvimento humano integral. Formam-se as áreas de T&D.

Podemos pensar que, nessa época, o que se esperava da performance das pessoas era a produtividade resultante da execução de uma tarefa exatamente como ela tinha sido aprendida. Não havia espaço para a generalização ou aporte de ideias e sugestões de melhorias.

Entre as décadas de 1980 e 1990, o RH começa a transitar para um papel estratégico, impulsionado pela influência da Teoria das Relações Humanas[2]. A gestão de pessoas passa a ser vista como um fator crucial para o sucesso das organizações. O foco se desloca para a gestão de desempenho e para recrutamento e seleção mais eficazes.

Um novo ambiente empresarial desponta, apresentando mudanças cada vez mais frequentes que se refletem na elevação da exigência quanto à performance das pessoas em todos os níveis hierárquicos. Nesse contexto, surge a necessidade de implementação de novos modelos de Educação Corporativa, e as universidades corporativas surgem como resposta para o alinhamento da aprendizagem aos objetivos estratégicos do negócio.

Em seu livro *Educação Corporativa no Brasil: Mitos e Verdades*[3], Marisa Eboli define a Universidade Corporativa (UC) como um sistema de desenvolvimento de pessoas pautado pela gestão por competências

---

2 - Abordagem administrativa que enfatiza a importância das pessoas, da organização informal e da motivação no ambiente de trabalho.

3 - *Educação Corporativa no Brasil: Mitos e Verdades* - Marisa Eboli - Editora Gente 2ª. edição.

e destaca a importância da incorporação desse conceito por outros subsistemas de RH.

Segundo Eboli, a missão da Universidade Corporativa é "formar e desenvolver os talentos na gestão dos negócios, promovendo a gestão do conhecimento organizacional (geração, assimilação, difusão e aplicação), por meio de um processo de aprendizagem ativa e contínua".

É aqui que começo a trazer perguntas a você: estamos fazendo isso? Não se preocupe com a resposta neste momento; apenas reflita para que possamos ir fazendo essa costura a seguir.

Nas décadas de 2000 e 2010, o RH também vive a era digital. A introdução de sistemas de RH e plataformas de *e-learning* está cada vez mais presente para simplificar processos, otimizando recrutamento, seleção, treinamento e gestão de desempenho.

O interessante é notar que, ainda assim, grande parte dos treinamentos são presenciais e formais. Embora o objetivo seja "despertar nos talentos a vocação para o aprendizado e a responsabilidade por seu processo de autodesenvolvimento" — o que hoje reconhecemos como lifelong learning e aprendizagem autodirigida, conceitos nos quais nos aprofundaremos mais adiante —, surge a preocupação com o engajamento, ou melhor, com a sua ausência.

Faço agora uma pausa em nossa linha do tempo para comentar que, embora a era digital e os treinamentos à distância tenham surgido como solução para escalarmos a aprendizagem, ganhando volume e tempo, a pandemia do coronavírus foi a grande impulsionadora da adoção dos treinamentos em modalidades digitais. Eu sinto que as soluções de *e-learning* se comparavam a uma grande piscina gelada no inverno, e nós estávamos todos reunidos na borda pensando se deveríamos saltar ou não, até que a pandemia nos empurrou dentro dela, nos obrigando a experimentar.

A parte positiva é que nos permitimos experimentar e fizemos uso massivo dessas modalidades. Refletiremos a seguir sobre a eficácia dos formatos disponíveis. O importante, por enquanto, é ter clareza de que o meio digital é apenas o meio de entrega da solução e, portanto, não deve ser responsabilizado pelo sucesso ou fracasso de um treinamento.

Voltemos à nossa linha do tempo para chegar ao momento presente, no qual o RH está focado na experiência do colaborador, em sua saúde física e mental, bem-estar e propósito, além de seu desenvolvimento profissional. Estamos vivendo um momento de mudanças que acontecem em velocidade sem precedentes e que impactam a forma como fazemos nosso trabalho.

Este é o momento em que a utilização de tecnologias como a inteligência artificial e a realidade virtual, por exemplo, se torna mais presente. A aprendizagem deveria se tornar mais holística, de modo a integrar o desenvolvimento pessoal e profissional de maneira conectada aos objetivos estratégicos do negócio. Contudo, os dados nos mostram outra realidade.

A Gartner TalentNeuron™ analisou milhões de vagas de emprego disponíveis e concluiu que o número de habilidades necessárias para um único posto de trabalho está aumentando 10% ao ano, ao mesmo tempo em que 30% das habilidades necessárias três anos atrás logo serão irrelevantes[4].

Os modelos de gestão estão se deslocando de competências para habilidades, e, se não bastasse esse cenário, outra pesquisa da Gartner, conduzida com executivos de RH, revela que 60% reportam estar sofrendo pressões do CEO para assegurar a prontidão da força de trabalho, ou seja, o desenvolvimento de habilidades que irão assegurar a sustentabilidade do negócio.

Se, de um lado, o RH sofre a pressão do CEO, do outro está a força de trabalho pressionando por mais oportunidades de desenvolvimento. O problema é que nosso cérebro é tão perfeito que está programado para entregar o maior resultado possível com o menor gasto de energia, e acaba nos levando pelos caminhos que já conhecemos. Em outras palavras, embora o contexto tenha evoluído, não conseguimos responder na mesma velocidade.

Não podemos responder a novos problemas com as mesmas soluções, especialmente por termos historicamente desprezado a forma como o adulto aprende na entrega das soluções propostas pelas áreas de Treinamento e Desenvolvimento (T&D) e Universidades Corporativas (UCs).

O contexto mudou e, se por um lado temos estado muito atentos às predições relacionadas ao futuro do trabalho, por outro, não estamos

---

4 - https://www.gartner.com/smarterwithgartner/stop-training-employees-in-skills-theyll--never-use.

adequando os modelos de aprendizagem corporativa de modo a produzir um efeito real na melhoria da performance das pessoas a partir de uma experiência de aprendizagem.

Para que a área de Recursos Humanos possa realmente espelhar a evolução do mundo corporativo, é preciso nos colocarmos também diante do espelho e avaliar a forma como temos atuado, especialmente quando o assunto é aprendizagem; uma vez que, como reflexo do contexto corporativo, essa área sempre esteve muito próxima das questões burocráticas. Nós também precisamos desenvolver muitas novas habilidades.

Gary A. Bolles, presidente do Futuro do Trabalho na Singularity University e autor do livro *As Próximas Regras do Trabalho*[5], menciona que fomos alertados sobre a necessidade de termos escolas que nos ensinassem a "aprender a aprender"; contudo, não soubemos ouvir e, como consequência, temos instituições educacionais que não foram capazes de nos ensinar estratégias para viver em um mundo em constante mudança.

Bolles comenta que o impacto das mudanças, frequentemente impulsionadas pela tecnologia, tem conduzido boa parte do diálogo sobre o futuro do trabalho. O fato é que o ritmo e a escala dessas mudanças têm ocasionado grande incompatibilidade entre as habilidades existentes e as necessárias para a permanência no mercado de trabalho.

Cabe a nós, profissionais das áreas de Recursos Humanos e aprendizagem, sermos protagonistas das mudanças necessárias para que sejamos capazes de contribuir de maneira real com o desenvolvimento das habilidades das pessoas, para que não tenhamos que lidar com a incompatibilidade da força de trabalho.

Precisamos antecipar as mudanças de mercado antes que elas aconteçam e treinar as pessoas constantemente para que desenvolvam novas habilidades e estejam prontas para resolver novos problemas; isso só é possível se mudarmos nosso *mindset*.

## APRENDIZAGEM PRECISA SER UMA PRIORIDADE DE RH

Essa mudança de *mindset* passa pelo reconhecimento de que não existe desenvolvimento de habilidades se não houver aprendizado, e a

---

5 - *As Próximas Regras do Trabalho: a Mentalidade, o Conjunto de Habilidades e de Ferramentas Para Liderar sua Organização Através da Incerteza* - Gary A. Bolles.

**aprendizagem é um processo que precisa estar conectado à performance das pessoas**. Portanto, nenhuma área de aprendizagem, independentemente da estrutura que sua organização adote, será capaz de promover a aprendizagem isoladamente.

Todos na organização precisarão compreender que a aprendizagem é uma responsabilidade compartilhada e, portanto, um assunto que deve fazer parte da rotina de todos, embora os papéis e responsabilidades mudem de acordo com o objetivo e o público de cada experiência de aprendizagem. Gosto de pensar nessa responsabilidade como uma **guarda compartilhada**, uma vez que todos devem cuidar para que o processo seja eficaz.

Aprender demanda tempo, dedicação e reflexão. De nada adianta um programa para o desenvolvimento de líderes incrível e repleto de temas interessantes se as pessoas que forem participar desse programa não tiverem tempo e oportunidade para aprender e praticar.

Aprender é um esporte de contato; exige proximidade e conexão. Falhamos ao pensar a aprendizagem como uma sequência de eventos ou de encontros nos quais pode até acontecer interação, mas raramente atingimos as conversas significativas que desejamos e que estimulam a reflexão.

Em seu livro *A Arte dos Encontros*, Priya Parker[6] nos leva a refletir sobre as razões pelas quais nos juntamos e nos lembra que precisamos uns dos outros. Contudo, é preciso saber qual a verdadeira razão de um encontro para que seja possível construir, com intencionalidade, a melhor estrutura para cumprir o objetivo que temos em mente.

É preciso colocar atenção e energia no que realmente importa: aprendizado, transferência e melhoria de performance. Portanto, itens como a agenda, listas de presença, evasão e horário são menos importantes que o engajamento da liderança, o *design* intencional de todas as fases da aprendizagem a partir de um objetivo específico, o suporte à performance e a verificação do impacto do aprendizado no negócio.

---

*A revolução da aprendizagem corporativa é sobre a coragem de abandonar modelos incompatíveis com o contexto atual e ter a coragem de abraçar iniciativas que atravessam as paredes de uma área.*

---

6 - *A arte dos encontros* - Priya Parker.

É sobre colocar o ser humano, que precisa desenvolver tantas habilidades, no centro do processo e desenhar experiências que contemplem a aprendizagem formal e informal, conectando a aprendizagem à performance das pessoas.

Neste sentido, é necessário compreender o *design* da própria cultura de aprendizagem como uma criação com um propósito específico e conectado com a educação humana de maneira ampla, especialmente em um país onde as organizações desempenham um papel fundamental na eliminação de lacunas nas habilidades adquiridas na escola.

Os profissionais das áreas de Aprendizagem e RH são os *designers* dessa cultura, que trabalharão de maneira colaborativa com todos os *stakeholders*; por isso, é preciso compreender que, assim como o *design* não está contido em uma única disciplina, nosso trabalho também não está.

No livro *Faces do Design*, a artista plástica Mônica Moura apresenta a definição que melhor ilumina a transição de modelos de aprendizagem corporativa convencionais para culturas de aprendizagem[7]:

> *"Design significa ter e desenvolver um plano, um projeto; significa designar. É trabalhar com a intenção, com o cenário futuro, executando a concepção e o planejamento daquilo que virá a existir. Criar, desenvolver, implantar um projeto – o design – significa pesquisar e trabalhar com referências culturais e estéticas, com o conceito da proposta. É lidar com a forma, com o feitio, com a configuração, a elaboração, o desenvolvimento e o acompanhamento do projeto".*

Você pode ser a pessoa que lidera as mudanças necessárias para transformar a área de Educação Corporativa de sua empresa em uma cultura de aprendizagem robusta e eficaz, que contribui com o desenvolvimento das habilidades das pessoas de maneira alinhada aos objetivos estratégicos da organização. Essa mudança começa com você, com o conhecimento do negócio e com o desenvolvimento de habilidades compatíveis com esse desafio.

---

7 - *Faces do Design* - Organizado por Mônica Moura.

Minha proposta com este livro é te ajudar a liderar as mudanças necessárias, começando pela compreensão das razões pelas quais é necessário fazê-lo. A seguir, aprofundo-me no papel transformador dos profissionais que trabalham com aprendizagem corporativa e recursos humanos, e mergulho no processo de *design* da cultura de aprendizagem. Desejo, assim, instrumentalizar você para que atue como um verdadeiro agente de transformação, ajudando a construir o futuro da sua organização.

Comece agora a construir uma cultura de aprendizagem mais robusta e eficiente.

# SEU ESPAÇO

**REFLEXÕES**

**POR ONDE COMEÇAR?**

**QUEM ENVOLVER?**

**QUE RECURSOS SÃO NECESSÁRIOS?**

*"Hoje é o dia mais lento do resto da sua vida."*

(Shelly Palmer*)

*Shelly Palmer é guru de publicidade e marketing e CEO da Palmer Group. Citado por Gary A. Bolles no livro *As próximas regras do trabalho*.

CAP. 1

# A necessidade da aprendizagem contínua

# WHAT'S IN IT FOR ME?
## (WIIFM)

Neste capítulo, você irá encontrar argumentos para a transformação e as principais críticas aos modelos tradicionais, compreendendo a necessidade de uma abordagem centrada em habilidades e aprendizagem contínua.

**Ideias centrais:**

- Mudanças no contexto de trabalho e adaptabilidade da aprendizagem a esta mudança;
- *Moonshots* na Educação Corporativa, uma abordagem disruptiva, com novas formas de aprendizagem que priorizem a autonomia, a colaboração e a experiência de quem aprende;
- Como uma cultura que valoriza a aprendizagem incentiva o aprendizado contínuo e integrado à vida profissional e pessoal.

Alinhar a aprendizagem à performance e aos objetivos estratégicos da organização é uma tarefa complexa que exige a compreensão do contexto e de como respondemos a ele, derivado de nossa humanidade.

A palavra "trabalho", no dicionário, se refere ao conjunto de atividades, produtivas ou criativas, que o homem exerce para atingir determinado fim. A utilização automática e frequente da palavra "trabalho" muitas vezes nos impede de refletir sobre seu significado nas organizações.

As organizações nos contratam para resolver problemas por meio de tarefas que exigem nossas habilidades. A natureza dos problemas varia, assim como as tarefas envolvidas em sua solução e, consequentemente, as habilidades necessárias.

Habilidade pode ser definida como a capacidade de realizar algo, o "saber fazer". Foi na década de 1940, quando pesquisadores desenvolveram classificações profissionais enrijecidas, que o Dr. Sidney Fine se concentrou em compreender os tipos de habilidades utilizadas pelas pessoas.

A abordagem adotada pelo Dr. Sidney Fine o levou a perceber que os humanos possuem três tipos de habilidades distintas: habilidades de conhecimento, habilidades flexíveis e habilidades pessoais. O problema é que o modelo de aprendizagem adotado desde a era industrial foi projetado para se concentrar primordialmente nas habilidades de conhecimento.

Não é surpresa que, nos dias de hoje, a aprendizagem ainda seja em grande parte focada em conteúdo, privilegiando as habilidades de conhecimento em detrimento das demais. A questão é que esse modelo de aprendizagem foi concebido para um contexto que não existe mais, e não adianta exigirmos uma postura protagonista dos profissionais quando o assunto é aprendizagem se continuarmos a ofertar treinamentos que não se conectam com a performance que se espera dessas pessoas e com a sua realidade.

## DE COMPETÊNCIAS A HABILIDADES

O panorama do trabalho mudou. A era das competências rígidas, definidas para funções específicas, deu lugar a um ambiente fluido e dinâmico onde as habilidades são o novo ativo estratégico. Empresas pragmáticas já entenderam isso, abandonando a abordagem estática das décadas de 1980 e 1990 e abraçando modelos baseados em habilidades – uma transformação que exige uma revolução na aprendizagem corporativa.

A organização moderna é mais ágil e horizontal; equipes multifuncionais e projetos colaborativos substituem estruturas hierárquicas rígidas. A relação entre indivíduo e cargo tornou-se mais fluida, com profissionais assumindo múltiplas funções e projetos simultaneamente.

A mudança para uma abordagem centrada em habilidades exige uma nova mentalidade e um compromisso com a aprendizagem contínua. Não se trata apenas de substituir um modelo pelo outro, mas de adotar uma cultura ágil e adaptável onde a aprendizagem é um processo contínuo, orientado por dados e alinhado diretamente à performance individual e aos objetivos de negócio.

A Educação Corporativa que conhecemos hoje precisa do que Esther Wojcicki, jornalista e educadora, pioneira na exploração da interface entre educação e tecnologia, define como *"moonshots* na educação"[1].

O conceito de *"moonshot"* se popularizou a partir do programa espacial Apollo, que levou o homem à Lua. A expressão, que em português significa algo como "um tiro na Lua", foi utilizada para descrever a audaciosa meta de alcançar a Lua antes do fim da década de 1960, um objetivo considerado quase impossível naquela época.

O sucesso do programa Apollo demonstrou que, com visão, inovação e determinação, mesmo objetivos aparentemente irreais podem ser alcançados. Hoje, *"moonshot"* descreve qualquer objetivo ambicioso e transformador em qualquer área, requerendo soluções inovadoras e disruptivas.

O modelo atual de Educação Corporativa demonstra limitações. Apesar dos esforços contínuos, não estamos alcançando os resultados esperados em termos de alinhamento entre aprendizagem e performance. A persistência em métodos tradicionais, ineficazes para o contexto atual, demonstra a necessidade de um *"moonshot* na Educação Corporativa".

Precisamos de uma mudança disruptiva, de uma abordagem completamente nova, capaz de gerar impactos transformadores na forma como desenvolvemos habilidades e impulsionamos a performance em nossas organizações.

---

1 - *Moonshots in Education: Launching Blended Learning in the Classroom* By Esther Wojcicki and Lance Izumi.

O formato atual, com excesso de palestras, avaliações padronizadas e conteúdos descontextualizados, muitas vezes se distancia da realidade do aprendiz e de suas necessidades, desestimulando a aprendizagem contínua, essencial para o desenvolvimento das habilidades necessárias. Essa desconexão está na base do chamado de Esther Wojcicki por uma revolução na educação.

Precisamos de novas formas de aprendizagem, centradas na autonomia do aprendiz. O modelo ideal integra tecnologias de forma eficaz e estimula o aprendizado ativo através da colaboração, de projetos reais e da tomada de decisão.

Na Cultura de Aprendizagem, esse *"moonshot"* se traduz em empoderamento. Em vez de impor conteúdos, devemos criar um ambiente que nutra a curiosidade, estimule a colaboração, e priorize o desenvolvimento de habilidades essenciais para o sucesso.

A confiança no aprendiz, em seu potencial para aprender e se desenvolver de forma autônoma, é o alicerce dessa nova abordagem, transformando o instrutor em facilitador e a Educação Corporativa em uma experiência significativa e impactante.

## APRENDIZAGEM AO LONGO DA VIDA E APRENDIZAGEM AUTODIRIGIDA

Em um mundo em constante transformação, impulsionado pela tecnologia e pela crescente demanda por adaptação, a aprendizagem contínua deixou de ser um diferencial para se tornar um imperativo. Uma cultura de aprendizagem eficaz precisa, portanto, cultivar *lifelong learners*, indivíduos que assumem a responsabilidade por seu desenvolvimento contínuo, buscando conhecimento e aprimorando habilidades ao longo de toda a vida.

Isso exige mais do que apenas treinamentos pontuais; requer uma mudança de mentalidade, onde a aprendizagem é um processo contínuo, integrado à vida profissional e pessoal, e impulsionado por curiosidade e proatividade.

A construção de uma cultura que valoriza o lifelong learning e a aprendizagem autodirigida requer um profundo entendimento da evolução desse conceito, desde sua idealização no pós-guerra até sua consolidação nos dias atuais.

*Lifelong learning*, ou aprendizagem contínua, representa um compromisso inabalável com o crescimento pessoal e profissional, impulsionado pela busca proativa de conhecimento e pela adaptação constante a um mundo em transformação. Entretanto, essa proatividade só se manifesta plenamente em ambientes que valorizam a autonomia do aprendiz.

Um *lifelong learner* é, portanto, um indivíduo que se reconhece como agente ativo de seu próprio desenvolvimento, assumindo a responsabilidade por sua jornada de aprendizagem e buscando continuamente novas habilidades e conhecimentos. Cultivar essa mentalidade não é responsabilidade apenas do indivíduo, mas de toda a organização, que precisa criar um ambiente que nutra a curiosidade, a autogestão e a confiança na capacidade de cada um para aprender e crescer.

A capacidade de aprender continuamente, guiada por mentores e impulsionada por uma curiosidade insaciável, é um fator-chave para o sucesso, como demonstra a trajetória de Bill Gates, destacada por Conrado Schlochauer em seu livro *Lifelong Learners*. Essa observação reforça a necessidade da transição para um modelo de aprendizagem focado em habilidades e empoderamento individual, em vez de competências estáticas, para formar aprendizes autônomos e preparados para os desafios futuros[2].

A capacidade de aprender ao longo da vida não é uma característica inata ou restrita a alguns privilegiados. Meu pai, baiano, filho de nordestinos e imigrantes portugueses, demonstra a potência da combinação de uma postura lifelong learner com a aprendizagem autodirigida.

Em sua juventude, a seca na Bahia o forçou a migrar para São Paulo junto com meus avós, que ensinaram a todos os filhos o ofício da alfaiataria e a arte de cozinhar, habilidades consideradas úteis em tempos de escassez.

Em São Paulo, seu sonho era trabalhar com engenharia, mas as oportunidades não se apresentaram. Ele não se intimidou e, entre as décadas de 1940 e 1950, impulsionado por sua determinação, tornou-se um autodidata que evoluiu para a aprendizagem autodirigida, aprendendo tudo sobre rotores e estatores, componentes fundamentais em usinas hidrelétricas, responsáveis pela geração de energia elétrica.

---

2 - Schlochauer, Conrado. *Lifelong learners – o poder do aprendizado contínuo: Aprenda a aprender e mantenha-se relevante em um mundo repleto de mudanças* (Portuguese Edition).

Impulsionado pelo desejo de aprender ainda mais, entre o final da década de 1960 e o início da década de 1970, ele aprendeu inglês sozinho utilizando livros com fitas cassete (é possível que você nem saiba o que é isso: fitas cassete eram fitas magnéticas para gravação de áudio). Enquanto ouvia atentamente as lições, ele acompanhava o texto, que utilizava marcação de cores para sinalizar as sílabas tônicas.

Eu me lembro com muita clareza de vê-lo se divertindo enquanto fazia isso, sentado à mesa da sala de jantar, sorrindo e repetindo incansavelmente as frases que ouvia. Isso me faz pensar no quanto a relevância e a diversão impactam o engajamento na aprendizagem.

Sua trajetória demonstra a capacidade de superar limitações e construir uma carreira sólida e respeitada em uma multinacional, onde projetava e instalava rotores e estatores, a ponto de ser consultado por engenheiros de vários países. Sua jornada é um testemunho da autonomia e da força transformadora da aprendizagem contínua.

Na minha perspectiva, a aprendizagem ao longo da vida e a aprendizagem autodirigida são praticamente indissociáveis e sempre aparecem juntas em minha memória nas mais variadas experiências que vivenciei. Separamos os conceitos didaticamente para facilitar a compreensão, mas, de fato, eles se entrelaçam em diversas combinações para dar sentido ao que estamos vivenciando e aprendendo.

Não é de surpreender, portanto, que uma das definições mais completas de aprendizagem autodirigida seja a de Malcolm Knowles, conhecido como o "pai da andragogia". Knowles define aprendizagem autodirigida como um processo pelo qual os indivíduos têm a iniciativa, com ou sem a ajuda de outros, de diagnosticar suas necessidades de aprendizado, estabelecer metas e identificar recursos humanos e materiais para o aprendizado, escolhendo e implementando estratégias de aprendizado apropriadas e avaliando o resultado de seu aprendizado[3].

Contudo, outra forma de ver a aprendizagem autodirigida também me atrai por se conectar diretamente com a aprendizagem informal. Em "A Arte da Aprendizagem Autodirigida", Blake Boles a apresenta como uma expressão que representa liberdade, escolha e a postura de se abraçar a aprendizagem em qualquer lugar[4]. Não por acaso, podemos

---

3 - KNOWLES, M. S. *Self-directed Learning: A Guide for Learners and Teachers*. Englewood Cliffs: Prentice Hall/Cambridge, 1975.
4 - Blake Boles. *A Arte da Aprendizagem Autodirigida*.

conectar esse pensamento com o modelo 70-20-10 para aprendizagem do *Center for Creative Leadership.*

Eu poderia escolher dissecar cada um dos conceitos que discutimos até aqui por meio de referências e autores, mas escolho a história de meu pai para simplificar, por meio de um exemplo, os vários aspectos importantes que precisam ser considerados para o cultivo da postura *lifelong learner* e, claro, do aprendiz autodirigido.

## Mudança de contexto

Começo destacando o impacto do contexto na mobilização da necessidade da aprendizagem. Fora do ambiente rural e contando apenas com a habilidade na alfaiataria e na culinária, a aquisição de novas habilidades contribuiria para a adaptação às oportunidades que surgissem.

Embora a quantidade de mudanças e o volume de disrupção não fossem tão intensos como nos dias atuais, a mudança aparece aqui como a mola propulsora, permitindo vislumbrar novos horizontes em um mundo do trabalho totalmente diverso do que meu pai conhecia.

É nessa ebulição de mudanças que surge a necessidade de aprender e que desperta a paixão pela engenharia como perspectiva de futuro.

Em seu livro *"Aprendizes e Mestres: a nova cultura da aprendizagem"*, Juan Ignacio Pozo[5] compara a aprendizagem humana com a de outras espécies, destacando a flexibilidade da aprendizagem humana como uma vantagem evolutiva que permite adaptação a ambientes complexos e mutantes. Pozo também comenta sobre a importância da infância e da adolescência como período em que o aprendizado acontece com pouca pressão e grande apoio cultural. Aqui, meus avós desempenharam um papel fundamental, nutrindo um espaço onde o ato de aprender era sempre reconhecido e recompensado.

## Relevância do aprendizado

Uma vez em São Paulo, o sonho de trabalhar com engenharia fez meu pai encontrar um local de trabalho (uma oficina elétrica) onde pudesse começar a aprender e traçar um plano para alcançar seu objetivo. A

---

5 - Aprendizes e mestres [recurso eletrônico]: a nova cultura da aprendizagem/Juan Ignacio Pozo; tradução Ernani Rosa. – Dados eletrônicos. – Porto Alegre: Artmed, 2008.

motivação para aprender veio do desejo de realizar um sonho que ele via como transformador em sua vida.

No livro *"The Art and Science of Training"*, Elaine Biech[6] estabelece um ponto de extrema importância para a aprendizagem do adulto: adultos aprendem para satisfazer um desejo ou resolver um problema. Em outras palavras, nós só aprendemos se precisamos ou se queremos. De nada adianta dizer a um adulto que ele precisa aprender algo porque será bom para ele.

A motivação para aprender e o engajamento são resultado da percepção da relevância do aprendizado para a melhoria da performance. No caso de meu pai, a percepção de que o aprendizado o ajudaria a chegar aonde desejava.

**Identificação de objetivo**

Meu pai tinha muita clareza de seu objetivo: queria trabalhar com engenharia, especificamente em usinas hidrelétricas, projetar e instalar rotores e estatores para produzir energia elétrica e levá-la a lugares inóspitos. E ele queria ser reconhecido por seu trabalho.

Lembro de ter perguntado a ele por que estava aprendendo a falar inglês, e ele respondeu que queria trabalhar em outros países e nos levar para vivenciar experiências diferentes, atravessar fronteiras que muitos naquela época não sonhavam em cruzar.

Quando me lembro dessa história, reflito sobre a forma como ele falava sobre o assunto. Ele nunca disse simplesmente que queria fazer engenharia; ao contrário, sempre descrevia o que faria com o que aprendesse sobre o tema. Talvez sem consciência, ele definia o aprendizado em sua essência.

**Conteúdos**

Até hoje guardo o livro que foi de meu pai: um livro de capa dura azul, intitulado "Circuitos de Corrente Alternada", de Kerchner e Corcoran, editado pela Editora Globo. Ele tem 644 páginas amareladas, muito usadas e repletas de fórmulas. Este não era o único; ele tinha inúmeros manuais e pastas cheias de artigos e publicações sempre à mão, fruto da curadoria feita por ele e colegas de trabalho.

---

6 - *The Art and Science of Training*, Elaine Biech.

## Experiências

Um filme passa em minha cabeça quando penso nas inúmeras visitas que fiz a usinas hidrelétricas, caminhando com ele e descobrindo a função de cada uma daquelas peças enormes. Entrar em um caracol (parte da tubulação forçada em formato de caracol) por onde a água percorre até ser lançada no rotor da turbina é uma experiência que até hoje me faz suspirar.

Morei em muitas cidades, conheci pessoas muito diferentes, mudei de escola mais de uma vez em um único ano. Aprendi que mexerica e bergamota são a mesma coisa, senti a força do vento minuano e descobri que menino pode ser chamado de piá. Adorei descobrir que, quando chateada, posso dizer "mas que diacho" sem ninguém se aborrecer comigo.

Só me lembro disso por ter experimentado junto com minha família. Todos participaram desse processo encantador com ele, que sempre buscou experiências que o aproximassem do que desejava fazer para aprender com elas. As experiências, para ele, eram parte essencial do aprendizado.

Não passava um fim de semana sem que ele nos levasse a um lugar diferente para experimentar coisas novas e refletir sobre o aprendizado que estava acontecendo fora da sala de aula. Aprendi cedo o significado da aprendizagem informal e seu valor.

### Autonomia não significa solidão

Não existia internet, telefone celular ou computadores pessoais. Mas existiam: a campainha, encontros com amigos, grupos de estudo e reuniões informais aonde o assunto ia do jogo de truco ao teste que seria feito na usina no dia seguinte. Com muita frequência, a campainha tocava e minha família recebia, com sorriso, o engenheiro que não falava português e tinha vindo trocar ideias com ele em busca da solução de um problema. Mas, é claro, antes disso, foi ele quem tocou muitas campainhas, cheio de dúvidas e com um brilho inconfundível nos olhos de quem tem sede de aprender.

A jornada de meu pai exemplifica a força transformadora da aprendizagem contínua e autodirigida, uma jornada que contrasta com a realidade de muitas organizações. Apesar dos esforços para promover *upskilling* e *reskilling*, e para construir culturas de aprendizagem que suportem a mudança, os resultados ainda são limitados.

## *UPSKILLING* E *RESKILLING* PARA SUSTENTABILIDADE DOS NEGÓCIOS

### Alinhando conceitos

A prontidão da força de trabalho se refere ao preparo das pessoas para responder às mudanças inerentes ao negócio, sejam essas mudanças relacionadas ou não à tecnologia.

O *upskilling* está diretamente relacionado ao desenvolvimento de habilidades e competências existentes e foca na melhoria da performance de um profissional, sem que haja mudança em sua posição. Prefiro não chamar de cargo para que, aos poucos, possamos ir nos desvinculando das antigas regras do trabalho.

O *reskilling* é a aquisição de novas habilidades e competências para que o profissional possa assumir uma nova função, se desenvolver em sua carreira ou explorar novas oportunidades.

Acredito que o maior desafio para nós, que trabalhamos com desenvolvimento humano e buscamos contribuir com o *upskilling* e *reskilling*, seja encontrar o ponto de equilíbrio entre desenhar iniciativas com base nas predições ou sermos reativos às demandas que surgem incessantemente.

A resposta para o alcance desse equilíbrio está na atuação proposta no capítulo 2, mas trago para este momento o conceito central dessa atuação, que é a aproximação do negócio. Somente essa atuação conseguirá entregar o que é necessário em termos de *upskilling* e *reskilling* para chegarmos à prontidão da força de trabalho necessária para a sustentabilidade dos negócios.

O fato é que precisamos dedicar atenção aos dados, e a *L&D Global Sentiment Survey* é uma das fontes que precisam estar sempre à mão. Este relatório, realizado anualmente por Donald H. Taylor, investiga as tendências emergentes na área de Treinamento e Desenvolvimento (T&D). A pesquisa, conduzida com mais de 3.300 profissionais de 93 países, utiliza uma metodologia descritiva para captar a percepção e o entusiasmo desses profissionais sobre as principais tendências para o próximo ano.

Este levantamento busca entender o que é percebido como importante e promissor na área, oferecendo *insights* valiosos sobre a direção provável do setor nos próximos anos, fornecendo um termômetro da evolução da mentalidade e das prioridades de aprendizagem em T&D.

A análise da pesquisa ao longo dos últimos três anos revela tendências importantes em T&D, apontando para a necessidade de uma transformação na Educação Corporativa. Embora a Inteligência Artificial (IA) tenha alcançado a posição de destaque e se mantido como a principal tendência, sua predominância não deve obscurecer a relevância de outras áreas cruciais para o sucesso da aprendizagem. IA é meio, não é fim.

A manutenção do *Upskilling/Reskilling* na segunda posição reforça a importância crucial da aprendizagem contínua para a adaptação às mudanças constantes no mercado de trabalho. A ascensão da Personalização e Entrega Adaptativa, e sua permanência entre as principais tendências, demonstra a necessidade de experiências de aprendizagem mais individualizadas e eficazes, estabelecendo um ponto importante sobre a necessidade de customização.

Finalmente, o aumento significativo na relevância da opção "Consultoria mais aprofundada com o negócio" sugere que a mudança de paradigma na atuação dos profissionais de Aprendizagem e Recursos Humanos passa pela construção de uma forte parceria com as áreas de negócio. Essa colaboração permite o alinhamento entre as iniciativas de aprendizagem e os objetivos estratégicos da organização, garantindo que os esforços de formação sejam relevantes, eficazes e diretamente conectados aos desafios e às necessidades reais do negócio.

Essa conexão estreita entre Treinamento e Desenvolvimento e negócio é, provavelmente, a chave para a transformação da Educação Corporativa, que precisa se mover de um modelo focado em conteúdos para uma Cultura de Aprendizagem contínua, adaptável e orientada a resultados.

A pesquisa da Gartner, *"Top 5 Priorities for HR Leaders in 2025"*, corrobora a necessidade de uma transformação profunda na Educação Corporativa. Apesar do desenvolvimento de liderança ser considerado uma prioridade crucial para 2025, os dados revelam que os métodos tradicionais não estão produzindo os resultados esperados.

De acordo com a pesquisa, a grande maioria dos líderes de RH (71%) admite não estar desenvolvendo adequadamente seus líderes de nível médio, e menos de um terço (36%) considera seus programas eficazes na preparação dos líderes para os desafios futuros.

Essa constatação, oriunda de uma pesquisa com mais de 1.400 líderes de RH em mais de 60 países, reforça a urgência de abandonar os modelos convencionais e abraçar uma nova abordagem, baseada em aprendizagem contínua, empoderamento individual e no desenvolvimento de habilidades, que foi discutida ao longo deste capítulo. A ineficiência dos métodos tradicionais demonstra a necessidade de um *"moonshot"* na forma como abordamos a aprendizagem corporativa, o que só será possível se a aprendizagem estiver entre as prioridades de RH.

# SEU ESPAÇO

**REFLEXÕES**

**POR ONDE COMEÇAR?**

**QUEM ENVOLVER?**

**QUE RECURSOS SÃO NECESSÁRIOS?**

*"Feliz aquele que transfere o que sabe e aprende o que ensina."*

(Cora Coralina)

CAP. 2

# O papel transformador ~~de Treinamento~~ da Aprendizagem e Desenvolvimento

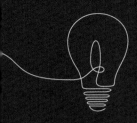

# WHAT'S IN IT FOR ME?
## (WIIFM)

Aqui você encontra a discussão sobre o papel transformador dos profissionais de RH, T&D e líderes na priorização da aprendizagem para a melhoria da aprendizagem e impacto no negócio.

**Ideias centrais:**

- O papel do profissional de T&D e RH como Consultor de Performance;
- Habilidades essenciais para o Consultor de Performance e a importância da visão estratégica;
- A relevância da gestão eficaz da transição de modelos convencionais de Educação Corporativa para Culturas de Aprendizagem.

O PAPEL TRANSFORMADOR ~~DE TREINAMENTO~~ DA APRENDIZAGEM E DESENVOLVIMENTO ■ **31**

Neste capítulo, vamos explorar o papel essencial que os profissionais de Treinamento e Desenvolvimento (T&D) e Recursos Humanos (RH) desempenham na revolução da aprendizagem. Quando pergunto aos participantes das formações que facilito qual o significado de seu trabalho, é comum receber respostas que evidenciam o desejo de deixar um legado e impactar positivamente o desenvolvimento e, consequentemente, a vida das pessoas.

Para que possamos realmente fazer isto, mais do que nunca, é crucial que reconheçamos a discrepância existente entre o potencial das experiências de aprendizagem que podemos proporcionar e a realidade que enfrentamos em nossa prática diária. Nossa atuação pode transformar a forma como o aprendizado é percebido e aplicado, alinhando-o aos objetivos estratégicos dos nossos negócios.

## O PAPEL DO PROFISSIONAL DE APRENDIZAGEM E DESENVOLVIMENTO

Você deve ter notado que a palavra "treinamento" está propositalmente riscada aqui, assim como a palavra "instrucional" aparece riscada na introdução deste livro. Quero, com isso, contribuir para a sua reflexão sobre a forma como a utilização de determinadas palavras molda o que fazemos. Convido você agora a refletir sobre o significado de termos comuns à nossa área e nem sempre utilizados de maneira adequada ao propósito de nosso trabalho.

Em seu livro *"Informar não é Treinamento"*, cujo título por si só já apresenta uma provocação, Harold D. Stolovitch e Erica J. Keeps[1] nos apresentam a perspectiva de que treinamentos têm o objetivo de promover uma mudança nos aprendizes consistentemente reproduzida sem variação. Eles utilizam o treinamento de cães como exemplo, não para diminuir o valor do treinamento, mas para mostrar como a reprodução de um comportamento pode ser mecânica.

A seguir, eles introduzem a instrução, destacando que ela ajuda os aprendizes a generalizar além das especificidades do que está sendo ensinado e, neste caso, o exemplo são os treinamentos de segurança, nos quais apresentamos inúmeros exemplos e temos a expectativa de que os aprendizes sejam capazes de atuar em circunstâncias inéditas.

---

1 - *Informar não é Treinamento* - Harold D. Stolovitch e Erica J. Keeps - Editora Qualitymark.

## 32 ■ REVOLUÇÃO DA APRENDIZAGEM

As formações são introduzidas por eles com uma conotação mais ampla e de longo prazo, como o resultado de uma variedade de experiências de vida (falei sobre o valor das experiências no capítulo 1, quando abordei a aprendizagem ao longo da vida e a aprendizagem autodirigida), de eventos e de princípios de aprendizado extremamente generalizados. Stolovitch e Keeps destacam que o propósito da formação é construir modelos mentais gerais e sistemas de valores.

Em nosso trabalho, executamos as três atividades, e o exemplo que os autores trazem relativo à segurança é excelente. Por meio do treinamento, podemos criar comportamentos específicos de segurança, como ativar um alarme, por exemplo. Pela instrução, desenvolvemos habilidades para identificar novos riscos ou para agir quando ocorre uma emergência e, por meio da formação, adotamos uma perspectiva de segurança na vida. O problema surge quando o treinamento é utilizado para tudo, e, ainda pior, quando ele está desconectado da realidade das pessoas.

Mas o que é aprender? Muitos definem aprendizado como a capacidade de adquirir informações, conhecimentos e habilidades. Contudo, o ato de aprender está diretamente relacionado à mudança. O aprendizado acontece quando essa aquisição de informações, conhecimentos e habilidades promove uma mudança maior do que momentânea.

Em seu livro *Lifelong learners: o poder do aprendizado contínuo: Aprenda a aprender e mantenha-se relevante em um mundo repleto de mudanças*, Conrado Schlochauer apresenta a definição que considero mais apropriada para nosso contexto: "Aprendizado é a explicitação do conhecimento por meio de uma performance melhorada... Aprendemos quando passamos por um processo que nos permite realizar algo de maneira melhor ou diferente do que fazíamos antes, seja por aquisição de uma nova habilidade ou pela mudança da nossa visão de mundo. Aprender é colocar conhecimento para fora, não para dentro[2]."

Esta definição nos ajuda a buscar evidências do aprendizado no ambiente de trabalho e conectar o aprendizado ao objetivo do negócio. Por isso, a escolho; e sempre que fizer referência a aprendizado, me referirei a esta perspectiva, uma vez que todo investimento feito em

---

2 - Schlochauer, Conrado. *Lifelong learners – o poder do aprendizado contínuo: Aprenda a aprender e mantenha-se relevante em um mundo repleto de mudanças* (Portuguese Edition).

treinamentos que não são "colocados para fora" como uma performance melhorada caracteriza desperdício de recursos.

É fundamental que nós, profissionais de Aprendizagem e Desenvolvimento (L&D - *Learning and Development*) e Recursos Humanos (RH), tenhamos consciência da nossa responsabilidade. Precisamos não apenas garantir a implementação de experiências de aprendizagem que realmente façam a diferença, mas também evitar custos desnecessários e investimentos em "sucata de aprendizagem". Sucata de aprendizagem é toda iniciativa de aprendizagem (formal ou informal, presencial, a distância ou blended) que não resulta em performance melhorada.

Isso significa desafiarmos a nós mesmos e ao nosso papel, reconhecendo que somos mais do que provedores de soluções de aprendizagem; somos consultores de performance e devemos utilizar nosso pensamento analítico e criativo para desenvolver estratégias que conectem a aprendizagem à realidade dos nossos colaboradores e às necessidades do negócio.

## QUEM SOMOS NÓS?

Ao refletirmos sobre nossa origem e formação, percebemos que muitos de nós viemos de diversas áreas, unidos por um propósito: trabalhar com pessoas e contribuir para seu desenvolvimento. No entanto, é importante reconhecer que nem sempre temos o conhecimento ou as habilidades necessárias para desempenharmos essa função de forma eficaz. Trazemos conosco para esta área de atuação a nossa paixão, a nossa arte e a nossa intuição, que precisam andar de mãos dadas com a ciência.

Este pensamento não é meu; é de Elaine Biech, que escreveu o brilhante *"The Art and Science of Training"*[3]. Elaine destaca que a ciência da habilidade é a base, mas o uso apaixonado da arte cria resultados espetaculares. Nós, brasileiros, somos muito criativos e intuitivos e, por isso, quando trazemos a ciência para nossa atuação, podemos realmente produzir resultados extraordinários. Compartilho com você um pouco sobre a minha trajetória, pois é possível que você se identifique com ela.

---

3 - *The Art and Science of Training* - Elaine Birch - ATD Press.

Como *baby boomer*, a expectativa que pairava sobre mim era que eu escolhesse uma carreira, me formasse e trabalhasse a vida toda em uma empresa sólida até me aposentar. Não foi bem assim. Sonhei com publicidade, ingressando em uma excelente faculdade, mas o curso diurno, pago com sacrifício pela minha mãe para que eu jogasse pebolim no diretório acadêmico da faculdade me decepcionou. Os professores estavam nas agências, cuidando de suas contas e não na faculdade. Resolvi sair e foi a primeira vez que ouvi: *"Você é louca!"*.

Decidi fazer cursinho no Anglo, onde também trabalhei. Busquei compreender o que me interessava, apaixonando-me por química e biologia. Estudei Engenharia Química como bolsista, até que um movimento estudantil levou a faculdade à decisão de eliminar todas as bolsas de estudo dando aos alunos 24 horas para quitar o período cursado. Isso mesmo, vinte e quatro horas! Na época, o reitor me deu um tapa nas costas (literalmente) e disse: *"Filha, a vida é assim mesmo, quando você tiver dinheiro, você volta."*

Persistente, como boa taurina (nasci em 30 de abril), prestei concurso e trabalhei na Embratel que na época era uma empresa estatal. Economizei muito e, com o cheque na mão (sim, usávamos cheques!), retornei à faculdade para solicitar a minha rematrícula. O reitor riu, pedindo que fizesse o pagamento na tesouraria para então analisar se faria a minha rematrícula. Rasguei o cheque na sua frente, saindo decidida a nunca mais voltar. O segundo *"Você é louca!"* ecoou.

Na Embratel, trabalhava no Departamento Pessoal e sentia atração pela comunicação e pelos treinamentos no Edifício Itália, um verdadeiro ícone no centro de São Paulo. Sem muita certeza sobre o que eu realmente desejava, aceitei um convite para a Superintendência Comercial, aprendendo sobre vendas e serviços. Foi quando voltei a estudar à noite e me graduei em Comunicação e Marketing. Surgiram diversas oportunidades na área comercial que me interessavam, mas meu chefe – e não líder - insistia que minha performance era excelente e não me deixaria ir. Depois da terceira tentativa, ao pedir demissão para abrir um café na Avenida Paulista, em uma galeria de antiquários pertinho do MASP, ouvi o terceiro *"Você é louca!"*.

Empreender me mostrou a felicidade em contribuir para o desenvolvimento de pessoas. Trabalhei em consultorias, ministrando treinamentos de Marketing, liderando equipes de aprendizagem e me tornando

Gerente de RH em grandes organizações até conseguir conciliar a paixão por empreender com a paixão por aprender e ensinar, fundando com meu esposo e sócio, a SG Aprendizagem, que hoje completa 21 anos.

Apesar do sucesso, nossos clientes questionavam nossa especialidade, pois tínhamos um portifólio muito diversificado. Decidimos então passar por um processo de autoconhecimento corporativo, conduzido por Pedro Ivo, sócio da F. Martins nesta época. Este trabalho nos revelou que éramos vistos como uma "Boutique de Aprendizagem". Nossos clientes diziam pensar na SG sempre que precisavam de um treinamento "diferente, que realmente funcionasse". Decidimos pela eliminação dos serviços não relacionados à aprendizagem para nos tornarmos melhores naquilo que era reconhecido como valor pelos nossos clientes. O faturamento caiu drasticamente. O quarto e último "*Você é louca!*" surgiu.

Essa decisão, encarada como loucura por muitos, nos impulsionou para o aprofundamento em aprendizagem, Educação Corporativa e a criação de uma metodologia de *Design* de Aprendizagem. Publiquei três livros. Aprendi que arte e ciência são essenciais para resultados extraordinários.

Compartilho minha trajetória com você porque muitos profissionais em Aprendizagem Corporativa e Recursos Humanos, assim como eu, vêm de diferentes áreas, trazendo experiências valiosas, mas frequentemente chegam despreparados quanto ao conhecimento científico sobre aprendizagem. Nossa bagagem é um lindo mosaico colorido, e a "cola" que une essas peças é a intencionalidade proporcionada pela ciência da aprendizagem.

## LIÇÕES APRENDIDAS A PARTIR DA MINHA VIVÊNCIA

- **Mudar exige coragem. Ser julgado como louco pode significar que você está no caminho certo**
  A coragem de mudar e inovar pode ser vista como loucura pela sociedade, mas é um elemento-chave para o sucesso.

- **A trajetória nem sempre é linear**
  Construa um percurso profissional baseado em paixão e propósito e não em um percurso pré-definido. Para isso você terá que ser um *lifelong learner*.

- **Desafie o *status quo***
  Esteja pronto para desafiar os padrões que você encontrará e que são frequentemente reproduzidos sem questionamento. Será necessário desenvolver habilidades para que você saiba desafiar sem causar enfrentamento.

- **Esteja preparado para rever suas convicções**
  Mesmo quando tudo parece bem vale a pena parar e prestar atenção aos sinais e ouvir outras perspectivas. Diminuir o portfólio e reconhecer as discrepâncias de performance foi fundamental para o desenvolvimento de habilidades e o reposicionamento da empresa.

- **A combinação entre a arte e a ciência**
  Equilibrar a criatividade e a intuição com o conhecimento científico na área de aprendizagem é o melhor caminho para a produção de resultados extraordinários.

## O modelo tradicional de T&D

A estrutura tradicional de T&D, presente hoje nas mais diversas áreas de Educação Corporativa, reproduz um modelo proveniente da era industrial, que continua sendo reproduzido apesar de o objetivo da Educação Corporativa atualmente não ser mais o de preparar trabalhadores para a reprodução de um processo de produção estruturado. Esse modelo, centrado na realização de levantamentos de necessidades de treinamento, frequentemente leva à produção de programas desconectados da realidade.

Essa abordagem gera a "sucata de aprendizagem", impactando negativamente o desempenho e os objetivos do negócio. Devemos adotar uma postura consultiva, que busque entender as reais necessidades das organizações e dos colaboradores.

## CONSULTORES DE PERFORMANCE: UMA NOVA PERSPECTIVA

Precisamos evoluir para nos tornarmos consultores de performance, atuando lado a lado com líderes na construção de soluções eficazes. Uma das principais evidências dessa evolução é a atuação próxima ao negócio, de tal maneira que possamos deixar a posição de fornecedores de treinamentos para ocupar a de parceiro estratégico de performance que cultiva e fortalece a cultura de aprendizagem da organização por meio de suas habilidades.

O sucesso de uma cultura de aprendizagem florescente depende diretamente das habilidades do consultor de performance. Ele não apenas contribui, mas é fundamental para a construção de um ambiente motivador que impulsiona o desenvolvimento das habilidades necessárias à sustentabilidade do negócio – assim como uma cultura organizacional forte impulsiona o sucesso da empresa. Guiado pelos objetivos do negócio, ele atua como um verdadeiro guardião e semeador dessa cultura vital.

A escolha do termo "florescente" para descrever uma cultura de aprendizagem é intencional, evocando a rica analogia de um jardim em constante crescimento. Assim como um jardim precisa de cuidados contínuos para florescer, uma cultura de aprendizagem exige atenção dedicada para nutrir o desenvolvimento individual e coletivo. Essa imagem captura a dinâmica e a necessidade de adaptação contínua a novas realidades, elementos vitais para o sucesso em um ambiente em constante transformação.

A transformação da educação corporativa convencional para culturas de aprendizagem florescentes requer este novo perfil profissional: o Consultor de Performance. Suas habilidades, agrupadas em quatro categorias essenciais para essa migração, são: **Interlocução**, para engajar *stakeholders* e promover a responsabilidade compartilhada pela aprendizagem; **Gestão da Mudança**, para conduzir a transição para um novo modelo de atuação e apoiar a mudança cultural; **Consultoria e Aconselhamento**, para diagnosticar necessidades e propor soluções criativas e eficazes em aprendizagem formal e informal; e **Letramento Digital**, para utilizar ferramentas e tecnologias que otimizem os processos e a entrega de valor.

Dominar essas áreas é fundamental para o sucesso dessa transformação, garantindo que a aprendizagem se torne um processo contínuo e integrado à estratégia do negócio.

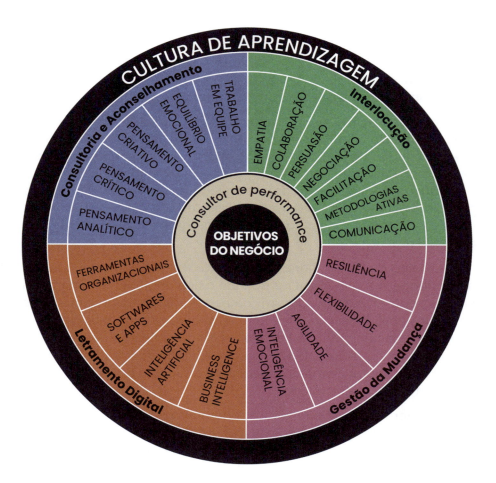

**Figura 1:** Habilidades do Consultor de Performance

## Exemplo Prático: Vaga de Learning Specialist na Amazon

Se você conhece meu trabalho, com certeza já me viu facilitando experiências de aprendizagem e formações junto com a Monica Almeida, minha grande parceira e amiga. Em uma de nossas conversas, ela compartilhou comigo a publicação de uma vaga de *Learning Specialist*, feita pela Amazon, que corrobora com o modelo de habilidades que propomos.

**Figura 2:** Vaga para *Learning Specialist* publicada pela Amazon no LinkedIn

Nesta publicação, a Amazon busca um(a) *Learning Specialist* para sua unidade, com foco em segurança, qualidade, experiência do cliente e produtividade. O profissional será responsável por alinhar o trabalho da equipe às necessidades internas, atuando como um elo entre a operação da unidade e a área corporativa.

É necessário ter graduação, proficiência em MS Office e fluência em inglês e português. Experiência comprovada no desenvolvimento, execução e aprimoramento de programas e projetos, além de conhecimentos em SQL, Python e ferramentas de visualização de dados (Quicksight, PowerBI, Tableau) são requisitos básicos. Formação em Engenharia ou Operações e experiência em apresentações para diferentes públicos são considerados diferenciais.

A vaga de *Learning Specialist* da Amazon exige um perfil que se alinha perfeitamente com as habilidades essenciais do Consultor de Performance. A necessidade de alinhar o trabalho da equipe às necessidades do negócio e de impactar positivamente métricas de segurança, qualidade, produtividade e experiência do cliente demonstra a importância da **Interlocução e da Consultoria e Aconselhamento**.

A capacidade de criar e implementar estratégias eficazes, utilizando *business intelligence*, e de lidar com dados de diversas fontes para identificar oportunidades estratégicas, demonstra a necessidade de **Letramento Digital e de Pensamento Analítico e Criativo**. Por fim, a capacidade de operar em ambiente de ritmo acelerado, gerar *feedback* e contribuir para a melhoria contínua dos processos requer Resiliência, Flexibilidade, Agilidade e Inteligência Emocional, atributos centrais da **Gestão da Mudança**.

Portanto, o *Learning Specialist* precisa ser um agente de transformação, capaz de conduzir a migração de modelos tradicionais de treinamento para uma cultura de aprendizagem florescente, promovendo o desenvolvimento contínuo e a melhoria de performance.

## DESAFIOS DA MUDANÇA E A RESISTÊNCIA HUMANA

O processo de mudança, como descrito pela Dra. Britt Andreatta em seu livro *"Programado para Resistir"*[4], revela que nossa predispo-

---

4 - Programado para Resistir - Dra. Britt Andreatta - DVS Editora.

sição biológica à resistência é um obstáculo real na implementação de mudanças organizacionais. Entretanto, ao contrário das eras passadas onde a sobrevivência dependia de se manter na zona de conforto, atualmente, a capacidade de adaptação e a disposição para o aprendizado contínuo (*lifelong learning*) são fundamentais para o crescimento profissional e pessoal.

Compreender esse aspecto biológico, bem como as fases emocionais da transição (choque, raiva, negociação, etc.), é crucial para o sucesso na gestão da mudança. Essa compreensão se torna ainda mais importante ao considerarmos que a Educação Corporativa tradicional demonstra falhas justamente por não levar em conta esses aspectos da psicologia humana na sua metodologia. A falha na gestão da transição, portanto, leva ao fracasso das iniciativas de mudança, abrindo caminho para a análise do porquê a Educação Corporativa não vem entregando os resultados esperados na atualidade.

Em resumo, a transição para uma cultura de aprendizagem florescente exige uma mudança de paradigma e a incorporação de novas habilidades. O Consultor de Performance, com seu conjunto de habilidades em Interlocução, Gestão da Mudança, Consultoria e Letramento Digital, é a peça-chave para essa transformação, garantindo que a aprendizagem seja um investimento estratégico para o sucesso do negócio.

# SEU ESPAÇO

**REFLEXÕES**

**POR ONDE COMEÇAR?**

**QUEM ENVOLVER?**

**QUE RECURSOS SÃO NECESSÁRIOS?**

*"Num mundo inundado de informações irrelevantes, clareza é poder."*

(Yuval Noah Harari)

CAP. 3

# Por que a Educação Corporativa não está funcionando?

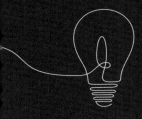

# WHAT'S IN IT FOR ME?
## (WIIFM)

Neste capítulo você encontrará uma análise das principais falhas na Educação Corporativa por meio de uma perspectiva sistêmica que leva a uma proposta de mudança de paradigma para torná-la mais eficaz.

**Ideias centrais:**

- Compartimentalização da responsabilidade;
- Necessidade de uma abordagem sistêmica, que considere todas as partes interessadas e as interações entre elas;
- Identificação de alavancas para mudanças significativas.

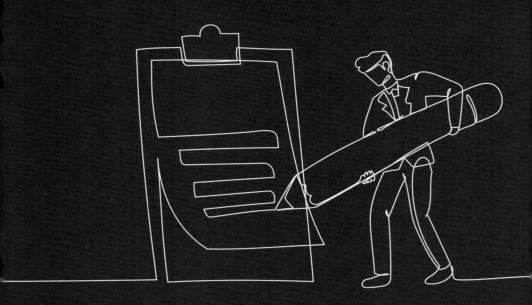

No universo corporativo de hoje, onde o excesso de informações constantemente desafia nosso foco, a clareza emerge como um recurso inestimável. Este capítulo é um convite para refletirmos sobre a atuação estratégica do profissional de Aprendizagem e RH, que deve adotar o papel de consultor de performance. Só assim é possível navegar por entre as muitas nuances do que é relevante ou não para o desenvolvimento das habilidades das pessoas alinhado aos objetivos do negócio.

O maior problema da Educação Corporativa atual está na falta de atenção ao básico. A carência de objetivos claros e a desconexão entre aprendizado e prática resultam em programas que não satisfazem as expectativas de performance. Além disso, a ausência de um diagnóstico preciso e a falta de personalização dos conteúdos atrapalham a eficácia dos treinamentos. A responsabilidade não pode ser delegada integralmente às ferramentas de LXP (*Learning Experience Platforms*), que ainda não atingiram maturidade para tal personalização.

E, sem o devido engajamento dos *stakeholders* e um planejamento completo das experiências de aprendizagem os desafios persistem tornando impossível a verificação do impacto das experiências de aprendizagem propostas.

Portanto, neste capítulo, vamos descobrir como a execução cuidadosa, disciplinada e fundamentada é o ponto de partida para a transição de uma Educação Corporativa convencional para uma Cultura de Aprendizagem verdadeiramente florescente. É hora de voltar ao básico com um olhar estratégico e focado em resultados reais. Vamos desatar os nós que têm impedido a educação corporativa de alcançar seu verdadeiro potencial.

## ONDE ESTAMOS ERRANDO

No complexo ecossistema da aprendizagem organizacional, é fundamental reconhecer que a responsabilidade por resultados insatisfatórios não recai sobre um único ator. Seja você um profissional de aprendizagem ou RH, um líder comprometido com o desenvolvimento de sua equipe, um consultor oferecendo treinamentos ou um profissional que precisa desenvolver suas habilidades, todos nós desempenhamos um papel crucial nesse cenário.

As falhas que geram investimento em sucata de aprendizagem e não se traduzem em performance melhorada são, em última análise, um reflexo da falta de alinhamento e compromisso coletivo. Portanto, é essencial que cada um de nós assuma a responsabilidade por promover mudanças significativas. Como Peter Senge alerta brilhantemente em seu livro *"A Quinta Disciplina: A Arte e Prática da Organização que Aprende"*[1], **não existem culpados**. É comum buscarmos responsabilizar causas externas pelas falhas, mas o pensamento sistêmico mostra que nós e o problema fazemos parte do mesmo sistema.

Ao abordar os principais erros cometidos, faço um chamado à ação: que possamos juntos identificar e corrigir essas falhas, transformando desafios em oportunidades de evolução e excelência organizacional.

## PRINCIPAIS FALHAS

### Compartimentação da Educação Corporativa

A essência de uma cultura de aprendizagem eficaz precisa ser compatível com a natureza humana. Os modelos hierárquicos e estruturados em departamentos não foram idealizados para atender às necessidades maiores das pessoas. O provérbio africano "É preciso uma aldeia inteira para educar uma criança" reflete muito bem a ideia de que uma pessoa não aprende e se desenvolve apenas a partir dos valores de sua família nuclear, e sim de toda a sociedade. Por que seria diferente na Educação Corporativa?

É preciso disseminar a ideia de que a aprendizagem é responsabilidade de todos na organização. Segundo Peter Senge, as unidades de aprendizagem fundamentais em uma organização são os grupos de trabalho, pessoas que dependem umas das outras para alcançarem um resultado. Portanto, a área de aprendizagem pode ser parte do suporte a esses grupos, mas não a única responsável pelo seu desenvolvimento.

Temos a expectativa de que as pessoas se comportem como *lifelong learners* e se desenvolvam de maneira autodirigida, mas não estamos conseguindo oferecer condições para que isso aconteça, pois a responsabilidade pela aprendizagem, que é um sistema complexo, está contida em um departamento. Da mesma maneira que precisamos

---

1 - Senge, Peter M.. A quinta disciplina: A arte e Prática da organização que aprende (Portuguese Edition).

de uma rede de apoio para criar nossos filhos, a Educação Corporativa precisa de uma rede de apoio que dê suporte à aprendizagem e à performance das pessoas.

## Distanciamento da estratégia do negócio

Originalmente focado em funções administrativas e compliance trabalhista, o RH evoluiu para a gestão de pessoas, mas muitas vezes permanece distante das estratégias de negócio. Essa distância se manifesta na ênfase em programas de treinamento focados na experiência do colaborador e no desenvolvimento humano, frequentemente sem o devido alinhamento com os objetivos da empresa. A paixão dos profissionais dessas áreas pelo desenvolvimento individual, embora louvável, pode obscurecer a necessidade de conectar o aprendizado com os resultados de negócio.

Essa desconexão se aprofunda devido à própria origem da Educação Corporativa, frequentemente derivada da necessidade de treinamentos técnicos muitas vezes fragmentados e desprovidos de um propósito estratégico. A busca por programas eficazes de desenvolvimento espelha a luta das organizações para se adaptarem às mudanças rápidas do mercado, mas muitos esforços falham em criar uma ponte entre o aprendizado e a performance, resultando em investimentos sem o retorno esperado. O foco permanece na experiência do colaborador, e não na conexão direta entre o desenvolvimento de habilidades e a geração de resultados.

Para ocupar posições estratégicas e impactantes, os profissionais de RH e de Educação Corporativa devem abraçar uma perspectiva mais integrada com o negócio. A compreensão profunda dos objetivos corporativos, da estratégia de mercado e da cadeia de valor é fundamental para direcionar os esforços de desenvolvimento de habilidades.

O foco deve mudar do desenvolvimento das competências individuais para o desenvolvimento de habilidades alinhadas com as necessidades do negócio, garantindo que os investimentos em treinamento gerem resultados mensuráveis e contribuam para o sucesso da organização. Só assim, o RH e a Educação Corporativa poderão se estabelecer como parceiros estratégicos essenciais no crescimento e na sustentabilidade da empresa deixando de ser vistas como áreas de suporte.

## Trabalhar de maneira responsiva

A Educação Corporativa normalmente opera de forma responsiva, reagindo às demandas imediatas da organização ao invés de antecipá-las. Esta postura reativa se manifesta principalmente no atendimento de necessidades pontuais ou emergentes como a necessidade de treinamento em uma nova ferramenta ou a resolução de um problema específico de performance.

Este enfoque reativo é, em parte, consequência do modelo de competências tradicionalmente adotado pelas empresas, que foca em preencher lacunas de habilidades existentes, em vez de projetar as habilidades futuras necessárias para o sucesso da organização. Essa limitação decorre, em grande parte, da falta de um conhecimento profundo do negócio.

Sem uma compreensão abrangente do cenário competitivo, das estratégias de crescimento e dos objetivos de longo prazo da empresa, torna-se difícil prever as habilidades que serão críticas para o futuro. A consequência é um ciclo vicioso onde a Educação Corporativa reage a necessidades presentes, sem a capacidade de antecipar e preparar a força de trabalho para os desafios emergentes.

## Acreditar em LNT (Levantamento de Necessidades de Treinamento)

A nomenclatura que utilizamos para designar um processo influencia profundamente a maneira como o percebemos e interagimos com ele. A escolha de uma palavra ou um termo específico ativa diferentes associações mentais, moldando nossa compreensão e influenciando nossas ações. Um nome pode sugerir um determinado nível de importância ou complexidade e até mesmo determinar o tipo de abordagem que adotaremos.

Quando utilizamos o Levantamento de Necessidades de Treinamento na busca pela identificação de lacunas de desempenho, entendemos que exista um problema de performance e que este problema possa ser resolvido por treinamentos, e isso não é uma verdade absoluta. Visto como a base para a realização de uma estratégia de treinamento e desenvolvimento, é natural que o profissional que conduza o LNT busque a sua finalização por meio do desenvolvimento ou contratação de programas de treinamento.

É muito frequente que o LNT seja feito internamente e um fornecedor externo seja contratado para executar os treinamentos que foram identificados como necessários. Neste caso, a demanda identificada é objeto de uma reunião de *briefing* que servirá de base para a construção de uma proposta comercial, diminuindo muito a chance de alinhamento às reais necessidades de desempenho e aos objetivos do negócio. Para que este alinhamento aconteça é necessário um aprofundamento diagnóstico muitas vezes inexistente.

### Falta de definição de expectativa de performance e indicadores

Desenhar uma Experiência de Aprendizagem que resulte em aprendizado e consequentemente em performance melhorada, só é possível se houver clareza sobre a expectativa de performance. Parece óbvio, mas não é. Performance esperada é o termo que utilizamos para definir a execução padrão de uma determinada atividade. É muito comum que exista dificuldade para se descrever a performance que se espera de maneira específica.

Quantas vezes você já viu alguém solicitar, por exemplo, um treinamento de Liderança situacional para ser ministrado para um determinado grupo de líderes sem especificar o que esses líderes farão de diferente ou de melhor após este treinamento?

O psicólogo americano Robert Frank Mager, define performance como atividades que podem ser vistas, ouvidas ou diretamente avaliadas. A roda de planejamento da metodologia 6Ds, "As seis disciplinas que transformam educação em resultado para o negócio", composta por 4 perguntas fundamentais sugere que se investigue o que os participantes farão diferente e melhor.

Se o processo de especificação da expectativa de performance já é desafiador, especialmente porque muitos líderes estão acostumados a "pedir" treinamentos, a definição de indicadores é ainda mais desafiadora, uma vez que o indicador depende diretamente da performance desejada.

## Ausência de conexão entre a aprendizagem e os objetivos do negócio

Quanto mais compreendermos os objetivos estratégicos do negócio, mais seremos capazes de contribuir para o desenvolvimento das habilidades necessárias ao alcance desses objetivos. Utilizar fontes existentes na organização, como planejamento estratégico e relatórios, é tão importante quanto manter relacionamentos estreitos com as lideranças para compreender as metas e desafios de cada área.

As organizações com maior conexão entre aprendizagem e negócios são mais ágeis e competitivas; contudo, um estudo da ATD (*Association for Talent Development*) – *Managing the learning landscape* aponta que apenas 45% das empresas possuem um alinhamento significativo ou bom entre as áreas de desenvolvimento de talentos e estratégia organizacional.

Mudar esse cenário implica na necessidade de aproximação e melhoria da comunicação com os *stakeholders*; para isso, precisamos aprimorar nossa linguagem sobre o negócio.

A investigação do impacto do desempenho das pessoas nas metas e objetivos que direcionam cada área é essencial para a construção de experiências de aprendizagem que contribuam para a melhoria dos resultados. Para isso, precisamos desenvolver habilidades para trabalhar com dados e assegurar que as métricas de avaliação da aprendizagem estejam alinhadas com as métricas do negócio.

### Ausência de reconhecimento dos influenciadores de performance

É um erro acreditar que todos os problemas de desempenho podem ser resolvidos por treinamentos. Muitos fatores presentes no ambiente podem influenciar a performance das pessoas, e é muito comum que as pessoas saibam exatamente o que devem fazer e como devem fazê-lo e, ainda sim não consigam performar.

Fatores como programas de incentivo mal desenhados, processos inadequados e falta de recursos atrapalham tanto quanto ausência de *feedback* e segurança psicológica. Treinamento só é a melhor solução quando um problema de performance for ocasionado pela falta de conhecimentos ou habilidades.

Um cliente do segmento financeiro nos chamou para reestruturar a formação para um grupo de profissionais que apresentavam problema de performance com a venda de um produto específico. Ao combinarmos diferentes técnicas de coleta de dados para aprofundamento diagnóstico, incluindo acompanhamento de campo, descobrimos que a performance das pessoas estava sendo afetada pela concorrência e não pela falta de conhecimento sobre o produto. Reestruturar a formação seria um desperdício de tempo e recursos.

## Coragem de dizer não

É comum nos depararmos com a difícil tarefa de dizer não quando recebemos uma demanda de treinamentos. As razões mais frequentes para dizermos **não** são: a presença de influenciadores de performance que não podem ser resolvidos por treinamento e a ausência de um diagnóstico estruturado que confirme a necessidade de aquisição de conhecimento ou desenvolvimento de habilidades.

A hesitação em recusar pedidos, mesmo quando inviáveis, é um problema recorrente, com raízes em diversos fatores. Podemos categorizar as principais razões dessa relutância em três grandes grupos: fatores pessoais, culturais da organização e fatores relacionados à própria natureza do trabalho.

## Fatores pessoais

Essa categoria engloba as características individuais que influenciam a decisão de aceitar ou recusar um pedido. O medo de decepcionar superiores ou colegas é um fator preponderante. A busca pela aprovação e a preocupação em ser visto como uma pessoa comprometida levam muitos a assumirem responsabilidades além da sua capacidade. Por fim, o perfeccionismo exacerbado, que busca a excelência em todas as tarefas, pode levar a uma sobrecarga prejudicial à saúde e à qualidade do trabalho.

## Fatores culturais da organização

O ambiente de trabalho desempenha um papel crucial na hesitação de dizer "não". Uma cultura organizacional que valoriza a disponibilidade constante e a ausência de limites claros pode criar um ambiente onde a recusa de tarefas é vista negativamente. A falta de clareza nas responsabilidades e a ausência de processos estruturados que assegurem a assertividade no desenvolvimento das soluções contribuem para a dificuldade em justificar uma recusa. Adicionalmente, o medo de retaliação, seja na forma de mudanças de atribuições, menor reconhecimento ou até mesmo demissão, pode inibir a assertividade dos profissionais.

## Fatores relacionados à natureza do trabalho

As próprias características do trabalho em Educação Corporativa muitas vezes contribuem para a dificuldade em dizer "não". A naturalização da falta de alinhamento estratégico, ou seja, a solicitação de treinamentos que não se encaixam nas prioridades da organização, a falta de informações adequadas sobre as necessidades reais de treinamento e a crença limitante contida na famosa frase de Zig Ziglar (escritor e palestrante motivacional norte-americano: "A única coisa pior do que treinar pessoas e vê-las ir embora, é não as treinar e vê-las ficar."), eu diria que a pior coisa que podemos fazer é treinar as pessoas naquilo que elas não precisam.

Se você for um consultor externo, existe ainda o receio com relação à sua reputação e a necessidade de gerar receita. É importante ressaltar que dizer "não" pode ser a forma mais assertiva de contribuir com os resultados, especialmente porque o "não" precisa vir acompanhado de uma justificativa e recomendação para a solução do problema de desempenho existente.

É importante ressaltar que dizer "não" de forma assertiva e profissional, justificando a recusa, é uma habilidade fundamental que não só economizará recursos importantes, mas também evitará fatores como falta de engajamento e insatisfação com a solução oferecida.

## Ausência de objetivos de aprendizagem específicos

Para falar sobre este tema, proponho que você analise os objetivos de aprendizagem abaixo, extraídos da programação de um evento da área de Aprendizagem. Excluí os temas para evitar a identificação dos autores, embora este conteúdo esteja disponível na internet.

> 🎯 *"Destacar a importância de XXX no contexto organizacional. Abordar a gestão de prioridades como elemento XXX. Apresentar uma metodologia exclusiva para aprimorar a execução de XXX. Oferecer insights práticos sobre a identificação e priorização de XXX. Inspirar os participantes a repensarem suas práticas, adotando uma abordagem mais estratégica e eficiente no ambiente de trabalho."*

> 🎯 *"Ampliar a consciência de líderes, T&D e RHs sobre os XXX relacionados a XXX. Demonstrar, por meio de dados de pesquisas, o impacto da liderança XXX. Conscientizá-los sobre o seu papel na construção de XXX. Expor os conceitos do XXX, buscando o equilíbrio XXX..."*

Apesar de apresentados como objetivos de aprendizagem, estes são objetivos dos facilitadores ou instrutores, e não os objetivos de aprendizagem dos participantes. Os sujeitos responsáveis pela ação, nos dois casos, são aqueles que se propõem a "destacar, apresentar, oferecer, ampliar, demonstrar, expor etc.".

Nos dois casos, voltamos à postura do professor descrita por Esther Wojcicki como "o sábio no palco", aquele que tem todas as respostas. Nós não temos todas as respostas; nosso papel é facilitar o aprendizado proposto em um objetivo de aprendizagem ou de desempenho, utilizando técnicas de facilitação para que o aprendiz seja protagonista de seu aprendizado e, consequentemente, de sua melhoria de desempenho.

Um objetivo de aprendizagem ou de desempenho é uma afirmação do desempenho desejado depois que a experiência de aprendizagem ou treinamento tiver sido concluído. Por isso, são sempre escritos utilizando-se a perspectiva de quem vai aprender; é sobre o que os participantes aprenderão, e não sobre o que você quer transmitir a eles.

Na SG Aprendizagem, adotamos a perspectiva de desempenho de Robert F. Mager, assim como o modelo de objetivos de aprendizagem por ele proposto. De acordo com Mager, um bom objetivo de aprendizagem deixa claro qual será o desempenho do participante como resultado da intervenção, quais são as condições necessárias para que esse desempenho aconteça e o critério de qualidade ou quantidade desse desempenho, que é justamente o que utilizaremos para medir o resultado do treinamento.

Objetivos de aprendizagem escritos incorretamente acarretam um resultado desastroso, pois eles direcionam a escolha dos conteúdos que farão parte da experiência de aprendizagem, de modo a oferecer oportunidade para a prática em ambiente seguro, possibilitando a verificação do progresso de aprendizagem dos participantes.

## Ofertas baseadas em conteúdo e aprendizagem formal

O cenário do trabalho sofreu uma transformação profunda. A velocidade das mudanças, combinada com o excesso de informações, torna a identificação do conhecimento relevante um desafio constante. Os aprendizes modernos, móveis e impacientes, demandam flexibilidade e personalização, contrastando com os métodos tradicionais de educação corporativa. O modelo 70-20-10, que destaca a importância do aprendizado prático (*"on the job"*), expõe a ineficiência dos treinamentos focados em conteúdo e aprendizagem formal, herdados da era industrial. Esses métodos, rígidos e descontextualizados, não atendem às necessidades de um público que busca aprendizado colaborativo, informal e autodirigido, adaptando-se à sua própria agenda e ritmo.

Oferecer treinamentos baseados apenas em conteúdo e aprendizagem formal se mostra ineficaz no contexto atual, principalmente porque ignora o aprendizado informal e a crescente preferência por experiências práticas e colaborativas. A abordagem tradicional, muitas vezes centrada em aulas expositivas e materiais didáticos, não consegue capturar a atenção de aprendizes acostumados a um fluxo constante de informações e a uma cultura de aprendizado sob demanda. A insistência em modelos formais, com cronogramas rígidos e métodos padronizados, contrasta com a necessidade de flexibilidade, personalização e interação que os aprendizes modernos exigem. A geração de conteúdo em abundância e o fácil acesso à informação reforçam a necessidade de se mover para além da simples transmissão de dados.

> *Para prosperar, a Educação Corporativa precisa se reinventar.*
>
> *É necessário um modelo que integre o aprendizado formal, baseado na prática e colaboração, com o aprendizado informal e autodirigido.*
>
> *A geração contínua de conteúdo acessível instantaneamente demanda uma abordagem mais estratégica e dinâmica, que valorize a conexão, a experiência prática e a customização.*

Concentrar-se em transmitir conteúdo, sem considerar o contexto atual e as necessidades dos aprendizes, resulta em treinamentos ineficazes e investimentos desperdiçados num mercado onde a informação está a apenas um clique de distância. A chave para o sucesso reside na construção de uma cultura de aprendizado que se adapte à velocidade e complexidade do mundo contemporâneo.

## Paixão pelo conteúdo sem considerar público e contexto

Quando aprendemos algo que nos ajuda a resolver um problema ou desenvolver uma habilidade que consideramos essencial, é comum termos vontade de compartilhar esse aprendizado. Se esse aprendizado estiver relacionado a habilidades socioemocionais, cruciais no ambiente de trabalho, o desejo de contribuir com o desenvolvimento de outras pessoas — tão característico dos profissionais da nossa área — acaba ocasionando o que chamo de "armadilha da paixão pelo conteúdo".

A armadilha da paixão pelo conteúdo acontece quando ficamos presos à ideia de que determinado tema é tão essencial que cabe em qualquer lugar, para qualquer público. Isso não é verdade. A adequação de um conteúdo ao público depende diretamente da razão pela qual essa audiência precisa aprender sobre esse assunto. Harold Stolovitch define essa razão para aprender como base lógica.

Em nossa formação Instrutor Master, os participantes estruturam uma mini sessão de aprendizagem com base no modelo universal de 5 etapas apresentado no livro *"Informar não é treinamento"*, de Stolovitch. Antes de avaliar as estruturas propostas pelos participantes, perguntamos a eles qual o tema e o público para quem eles irão ministrar esse treinamento. Fazemos essa pergunta para avaliar a adequação do tema ao público, ou seja, se a base lógica criada por eles está correta.

## 58 ■ REVOLUÇÃO DA APRENDIZAGEM

Acreditar na aplicabilidade de um tema para todos pode acarretar o desenvolvimento de treinamentos tão genéricos que não se conectam à realidade das pessoas e à performance que precisam entregar. Tempo é um recurso escasso; não devemos oferecer às pessoas conhecimentos que elas não necessitam.

Quando tiramos um adulto de seu local de trabalho, ele chega ao treinamento buscando compreender quais serão os benefícios desse aprendizado para seu trabalho; logo, se esse benefício e a conexão com a realidade não estiverem evidentes, voltamos a questões como falta de engajamento e desperdício orçamentário.

### Foco nas atividades e não na conexão dela ao objetivo de aprendizagem

Metodologias de aprendizagem são modelos de ensino que definem como os aprendizes aprenderão sobre determinado tema, quais recursos e estratégias serão utilizados e qual o papel do instrutor nesse processo. Defino *design* de aprendizagem como a organização sistematizada, encadeada e intencional de conteúdos, com a utilização de metodologias ou estratégias de aprendizagem adequadas a cada tipo de conhecimento, de modo a estimular e facilitar o processo de aprendizagem em diferentes contextos e promover a mudança de conduta com relação à performance, atitudes e comportamentos.

Note que a estratégia de aprendizagem, ou em outras palavras, a atividade que será proposta em um treinamento deve ser adequada ao tipo de conhecimento que está sendo abordado, ao mesmo tempo que presta um serviço ao objetivo de aprendizagem e promove um tipo específico de interação.

Se você já me conhece há algum tempo, sabe o quanto me esforço para simplificar algo a fim de promover a compreensão. Por isso, penso na atividade como o momento de uma experiência de aprendizagem em que oferecemos ao participante a oportunidade de praticar, em ambiente seguro, aquilo que foi prometido a ele no objetivo de aprendizagem.

Tudo o que acontece em um treinamento precisa ser pensado intencionalmente para proporcionar a oportunidade adequada ao aprendizado que está sendo proposto. Por essa razão, pedidos que são feitos por meio de grupos e redes sociais, como: "alguém tem uma sugestão de dinâmica para trabalhar a colaboração?", sem considerar o contexto em que a colaboração deve acontecer, quem é o público para o qual a atividade será proposta e, principalmente, o objetivo de aprendizagem ou performance, só mostram o quanto estamos equivocados com relação ao papel das atividades em uma experiência de aprendizagem.

A preocupação com o tipo de atividade que será proposta muitas vezes se sobrepõe ao cuidado com a definição do objetivo específico, colocando o sucesso de um treinamento em risco e, consequentemente, impedindo a eliminação das discrepâncias de performance existentes. Certifique-se de que as atividades estejam conectadas ao objetivo de aprendizagem. Se não estiverem, não as utilize.

## Tratar aprendizagem como um evento

*O problema de vocês, é que vocês tem muita iniciativa e pouca acabativa. Quero que vocês terminem o projeto, cheguem no fim.*

Frequentemente, os treinamentos corporativos são tratados como eventos isolados, intervenções pontuais que ocorrerão em uma data específica, com carga horária predefinida. Essa perspectiva equivocada ignora a natureza processual da aprendizagem.

Há uma expectativa irreal de que, após um "dia mágico" de treinamento, os problemas de performance desaparecerão e os resultados serão imediatos. Essa visão limitada reduz o treinamento a uma mera atividade pontual, esquecendo que a aprendizagem é um processo contínuo que abrange preparação, intervenção, transferência e aplicação do conhecimento no dia a dia.

Ver o treinamento como um processo implica em mudar o foco da intervenção em si para a gestão integral do aprendizado. Não se trata apenas de treinar os indivíduos, mas também de preparar a liderança e demais *stakeholders* para dar suporte à performance e facilitar a transferência do conhecimento para o ambiente de trabalho. Um excelente desempenho durante o treinamento não garante, por si só, melhoria na performance profissional. A efetividade do processo depende da integração de todos os envolvidos, desde o preparo prévio até o acompanhamento e reforço posteriores à intervenção.

A preparação é fundamental para o sucesso do processo de aprendizagem. Antes da intervenção formal, é necessário preparar os participantes, garantindo que estejam receptivos e engajados. Também é crucial preparar a liderança e demais *stakeholders* para apoiar os participantes, fornecendo o ambiente e os recursos necessários para a transferência do conhecimento para o trabalho. Este apoio inclui o provisionamento de tempo para prática, *feedback* regular e a eliminação de barreiras que possam impedir a aplicação do aprendizado.

Em resumo, transformar o treinamento de evento em processo requer uma mudança de mentalidade e uma abordagem mais holística. A intervenção formal é apenas uma etapa, ainda que importante, dentro de um processo maior, que envolve preparo, suporte à performance, transferência e acompanhamento contínuo. Essa abordagem sistêmica garante que o investimento em treinamento gere resultados duradouros e que o conhecimento adquirido seja efetivamente aplicado, impactando positivamente a performance individual e o sucesso da organização.

**Priorização da logística**

A gestão eficiente de treinamentos corporativos, especialmente aqueles relacionados a normas e regulamentos, exige atenção aos detalhes logísticos. No entanto, essa preocupação não deve desviar o foco do objetivo principal: a aprendizagem. É comum, durante o processo de *design* de treinamentos customizados depararmos com profissionais que acabam priorizando aspectos como agenda, local, horários de coffee breaks e até mesmo eventos paralelos, como festas e shows, especialmente em convenções. Essa ênfase na logística em detrimento do objetivo e da metodologia compromete a eficácia do treinamento.

Priya Parker, em seu livro *"A Arte dos Encontros"*, enfatiza a importância de definir claramente o objetivo antes de planejar qualquer outro aspecto. Essa premissa é fundamental para o *design* de treinamentos eficazes. Antes de se preocupar com a logística, é crucial definir com precisão os objetivos de aprendizagem, e o *design* mais adequado para este público para alcançar os resultados desejados. A logística deve apoiar a aprendizagem, nunca o contrário.

Organizar um evento impecável em termos logísticos não garante, por si só, a eficácia do treinamento. Um evento socialmente agradável, com local privilegiado e excelente *catering*, não compensará um *design*

POR QUE A EDUCAÇÃO CORPORATIVA NÃO ESTÁ FUNCIONANDO? ■ **61**

fraco, uma metodologia inadequada ou a falta de alinhamento com as necessidades de aprendizagem dos participantes. O foco deve estar na experiência de aprendizagem, e a logística deve ser um meio para alcançar esse objetivo, e não um fim em si mesmo.

## Falta do envolvimento e preparo dos *stakeholders* para acompanhamento do processo

> *Como estamos preparando os líderes? O óbvio precisa ser dito, ensinado! Precisamos pegar todas as camadas, o fato de eles terem um alto cargo não significa que saibam o que precisa ser feito.*

O cenário contemporâneo de aprendizagem exige uma abordagem colaborativa, onde a responsabilidade pelo desenvolvimento da força de trabalho é compartilhada por todos os *stakeholders*. No entanto, a realidade é que muitos líderes não foram preparados para desempenhar esse papel de "educador", uma lacuna que não resulta de sua incapacidade individual, mas sim de modelos administrativos tradicionais que priorizaram a gestão de tarefas em detrimento do desenvolvimento de pessoas. Essa falta de preparo afeta diretamente a eficácia dos programas de aprendizagem e compromete o alcance dos objetivos organizacionais.

Nosso papel vai além do simples envolvimento dos líderes no processo de aprendizagem. É preciso prepará-los ativamente, fornecendo a eles as ferramentas e o conhecimento necessários para atuar como parceiros estratégicos no desenvolvimento da força de trabalho. A questão crucial é: como estamos preparando os líderes para que sejam nossos aliados nesse desafio? A resposta não reside em treinamentos pontuais, mas sim em uma abordagem sistêmica que integre o desenvolvimento de habilidades de liderança com a promoção de uma cultura de aprendizagem organizacional.

A necessidade de preparo abrange todos os níveis hierárquicos, descartando a ideia de que a posição de liderança implica automaticamente em conhecimento e competência para apoiar o processo de aprendizagem. A complexidade dos desafios atuais demanda uma abordagem colaborativa e multidisciplinar, onde todos os *stakeholders* compreendem seu papel e possuem as ferramentas necessárias para desempenhá-lo. Não existe uma solução óbvia; a eficácia do processo depende da integração de todos os atores, em todos os níveis, e da harmonia entre os diferentes papéis.

Como especialistas em aprendizagem, nosso papel é fundamental para garantir o sucesso desse processo colaborativo. Devemos contribuir ativamente para o preparo de todos os *stakeholders*, fornecendo-lhes os recursos, o treinamento e o suporte necessários para que possam desempenhar seus papéis com eficácia. Essa contribuição não se limita à criação de programas de treinamento, mas também à construção de uma cultura de aprendizagem que valorize a colaboração, a comunicação e o desenvolvimento contínuo de todos os membros da organização.

## Falta de foco dos aprendizes na experiência de aprendizagem

A falta de foco dos aprendizes em experiências de aprendizagem é um problema que deriva de diversas variáveis interconectadas, e não de uma única causa. Culturas organizacionais que promovem a multitarefa, apesar de sua comprovada ineficácia – "Ser multitarefa é a habilidade de estragar várias coisas simultaneamente", como observou Jeremy Clarkson – contribuem para a dispersão da atenção. Afinal, é impossível focar em aprender quando outras demandas competem por atenção e prioridade. Oferecer treinamentos sem criar um ambiente que favoreça a dedicação, livre de interrupções e pressões, torna a aprendizagem superficial e ineficaz.

Um fator crucial para a falta de engajamento é a desconexão entre o conteúdo do treinamento e a realidade dos participantes. Quando os treinamentos parecem irrelevantes para o trabalho diário, descontextualizados ou desprovidos de aplicabilidade prática, a atenção dos aprendizes se dispersa. A sensação de que o conteúdo aprendido não terá utilidade imediata ou impacto em seu desempenho profissional diminui significativamente o interesse e a motivação. Consequentemente, o foco se perde em atividades menos desafiadoras ou mais urgentes.

A falta de foco ou engajamento é, portanto, apenas a ponta do iceberg. Para resolver o problema de forma eficaz, é imprescindível investigar as causas subjacentes, como a cultura organizacional que prioriza a multitarefa, a desconexão entre os treinamentos e a realidade do trabalho e a falta de apoio e estrutura para que os aprendizes se dediquem ao processo de aprendizagem. Somente ao abordar essas questões de forma integrada é possível criar um ambiente que propicie a atenção, o engajamento e a aprendizagem.

## Ausência de verificação de impacto

A ausência de verificação do impacto dos treinamentos raramente é um problema isolado; geralmente, é a consequência de falhas anteriores no processo de aprendizagem. A falta de avaliação dos resultados não indica necessariamente uma falha na execução do treinamento em si, mas sim uma ausência de planejamento estratégico e de alinhamento entre os objetivos do treinamento e os objetivos de negócio. A ausência de métricas claras e a falta de acompanhamento impedem a mensuração da real eficácia da intervenção.

Para que a verificação do impacto seja eficaz, é fundamental definir previamente os resultados esperados para o negócio, estabelecendo métricas quantificáveis que permitam medir a contribuição do treinamento para o alcance desses objetivos. Essa definição antecipada orienta todo o processo de *design* de aprendizagem, garantindo que o treinamento seja direcionado para a obtenção de resultados mensuráveis.

A verificação do impacto requer a participação ativa dos líderes. Eles são responsáveis pelo acompanhamento dos colaboradores e pela observação da melhoria da performance no dia a dia. Sem o envolvimento e a colaboração da liderança, torna-se impossível coletar dados confiáveis e avaliar a real eficácia do treinamento.

Em suma, a verificação do impacto não é um mero exercício de monitoramento, mas sim um processo contínuo e integrado que envolve planejamento estratégico, definição de métricas, acompanhamento constante e análise dos resultados, sempre com a colaboração da liderança.

## FALHAS OU OPORTUNIDADES?

Convido você a enxergar as falhas atuais da Educação Corporativa não como fracassos, mas como valiosas oportunidades de melhoria e transformação. Adote o pensamento sistêmico e compreenda que, pequenas ações, cuidadosamente focalizadas nos pontos certos, podem gerar mudanças de grande impacto.

Muitas vezes, as alavancas mais eficazes são as menos óbvias, aquelas que não se encontram na superfície dos problemas aparentes. É preciso ir além dos sintomas superficiais e investigar com profundidade, identificando os processos que, uma vez modificados, produzem resultados significativos e duradouros. A solução não reside em grandes mudanças disruptivas, mas em pequenas ações estratégicas e bem direcionadas, que atuam nos pontos de maior alavancagem do sistema.

Assim, o desafio não é apenas identificar os problemas, mas sim entender as forças e interações que os criam. É preciso analisar criticamente os modelos atuais, questionando suas premissas e buscando alternativas mais compatíveis com a realidade. Compreenda que a solução de um problema complexo como o da ineficiência dos métodos tradicionais de treinamento é uma questão de descobrir onde está a maior alavancagem.

Portanto, convido você a uma profunda reflexão. É necessário avaliar criteriosamente o que estamos fazendo e, com coragem, deixar de fazer o que não é mais eficiente para priorizar aquilo que realmente importa, concentrando esforços nas áreas que trarão maiores resultados. Só assim poderemos construir uma cultura de aprendizagem florescente, que impulsione a performance e a inovação dentro das organizações.

# SEU ESPAÇO

**REFLEXÕES**

**POR ONDE COMEÇAR?**

**QUEM ENVOLVER?**

**QUE RECURSOS SÃO NECESSÁRIOS?**

"Na construção das organizações que aprendem, não existe um destino final, nem uma situação final, apenas a viagem de toda uma vida."

(Peter Senge)

CAP. 4

# O ciclo completo da aprendizagem efetiva

# WHAT'S IN IT FOR ME?
## (WIIFM)

Neste capítulo você reconhecerá o Ciclo de Experiências de Aprendizagem como ferramenta essencial para a eficácia da aprendizagem e sua conexão com os processos envolvidos em cada etapa.

**Ideias centrais:**

- As habilidades do Consultor de Performance e seu impacto nos processos envolvidos no Ciclo de Experiências de Aprendizagem;
- Identificação e correção de falhas;
- Como otimizar estratégias de Educação Corporativa.

No capítulo anterior, identificamos as principais falhas que impedem a eficácia da Educação Corporativa. Mas como transformar esses desafios em oportunidades? A resposta reside em um retorno ao básico, em uma execução cuidadosa e estratégica dos fundamentos da aprendizagem. Este capítulo apresenta o Ciclo de Experiências de Aprendizagem — e por que prefiro não chamá-lo de "ciclo de treinamento" — como a ferramenta essencial para alcançar resultados reais e superar os obstáculos identificados.

Vamos explorar juntos cada etapa do ciclo, identificando oportunidades para otimização. Também abordarei a complexidade do seu sistema organizacional e quais habilidades, identificadas como essenciais para o consultor de performance, contribuirão com as soluções.

No livro "*A Quinta Disciplina*", Peter Senge[1] nos apresenta o conceito de organizações que aprendem como sendo aquelas em que as pessoas expandem continuamente sua capacidade de criar os resultados que realmente desejam. Nessas organizações, estimulam-se padrões de pensamento novos e abrangentes, e as pessoas que fazem parte desse ambiente aprendem continuamente a aprender juntas. Criar um ambiente como este não é mera casualidade; é intencionalidade.

Para que essa intencionalidade aconteça, precisamos de um caminho a seguir que sirva como norte e não como clausura. Esse caminho é o Ciclo de Experiências de Aprendizagem. A visão cíclica nos ajuda a manter a consciência de que, nessa construção, não existe destino final, uma vez que a transformação é uma constante que deriva da necessidade de desenvolvimento de habilidades constantemente.

Originalmente chamado de ciclo de treinamento, adaptei seu nome para Ciclo de Experiências de Aprendizagem, pois, como comentei em meu livro *Design de Aprendizagem com uso de Canvas – Trahentem®*, ao substituirmos a palavra "instrucional" pela palavra "aprendizagem", deixamos de adotar uma postura unilateral para adotar uma perspectiva mais ampla sobre o processo de aprendizagem.

Pense no ciclo como o caminho para que você consiga contribuir com a prontidão da força de trabalho, oferecendo aprendizagem como solução quando esta for a melhor opção para o *upskilling* ou *reskilling*. Esse caminho pode ser percorrido utilizando o sistema de *design*

---

1 - Senge, Peter M.. A quinta disciplina: A arte e Prática da organização que aprende (Portuguese Edition).

instrucional de sua preferência. Não importa se você é a pessoa responsável por desenhar a solução ou por contratá-la; o caminho é o mesmo, o que muda são as suas responsabilidades em cada uma das etapas.

Os sistemas de *design* instrucional são utilizados desde a década de 1950, sendo o ADDIE (um acrônimo em inglês para análise, *design*, desenvolvimento, implementação e avaliação) considerado o maior clássico de todos. O ADDIE foi desenvolvido pelas forças armadas norte-americanas para a criação de programas de treinamento efetivos e continua sendo amplamente utilizado até os dias atuais, embora vários outros sistemas tenham sido propostos para substituí-lo, alegando que ele seria muito antigo e rígido.

Em seu livro *"The Art and Science of Training"*, Elaine Biech estabelece um ponto muito relevante para nós, pois está diretamente conectado às habilidades do consultor de performance. Elaine diz que parece ser da natureza humana desvalorizar algo e agir de maneira sensacionalista em vez de fazer as adaptações necessárias. Ela relata que sempre utilizou o ADDIE de maneira flexível e adaptativa, envolvendo os diferentes *stakeholders* no processo e prototipando soluções, o que ilustra a aplicação das habilidades do consultor de performance.

**Figura 3A:** Definição de ADDIE

## O CICLO DE EXPERIÊNCIAS DE APRENDIZAGEM E OS SISTEMAS DE DESIGN INSTRUCIONAL

Alguns autores classificam o próprio ciclo como um sistema de *design* instrucional; na perspectiva que adoto, entendo o ciclo como o caminho a ser percorrido pelo profissional de aprendizagem corporativa para identificar necessidades de desenvolvimento de habilidades, indicando aprendizagem quando esta for a melhor solução. Já os sistemas de *design* instrucional são abordagens sistemáticas para executar cada uma das etapas do ciclo.

Faço essa diferenciação por entender que a metodologia 6Ds seja não só uma abordagem sistemática para percorrer esse ciclo, mas também a mais eficaz. Avalio-a dessa forma em função da metodologia priorizar a conexão entre a aprendizagem e os resultados do negócio. É oportuno também situar o Trahentem® como uma ferramenta que contribui com o "como fazer", acelerando o processo ao mesmo tempo que coloca quem vai aprender no centro do processo de *design*. Considero também que as 6Ds[2] seja a abordagem que mais privilegia a visão sistêmica que nos permite potencializar o *design* de experiências completas e com o engajamento de todos os *stakeholders*.

A D1 refere-se à definição de resultados para o negócio; a D2 trata o desenho da experiência de aprendizagem completa, que está alinhado à minha visão da aprendizagem como um processo e ao que acredito ser necessário para o engajamento dos *stakeholders*; a D3 aborda a entrega para a aplicação, o que corrobora com a necessidade de movermos o foco do conteúdo para a experiência e o protagonismo de quem aprende. Na D4, a abordagem visa a participação ativa dos gestores, essencial para um ambiente favorável à transferência; a D5 visa o suporte à performance, fundamental no momento da aplicação; e a D6 é um convite à documentação, essencial para a comprovação de resultados e a movimentação de ações futuras.

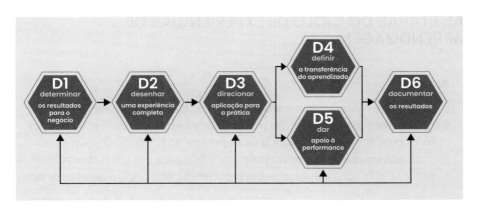

**Figura 3B:** Definição de 6Ds

---

2 - 6Ds: As seis disciplinas que transformam educação em resultados para o negócio. Calhoun Wick, Roy Pollock e Andrew Jefferson.

A figura a seguir ilustra como cada uma dessas abordagens, ADDIE e 6Ds, se conecta às etapas do Ciclo de Experiências de Aprendizagem para proporcionar uma entrega alinhada aos objetivos estratégicos desejados e à necessidade de performance das pessoas.

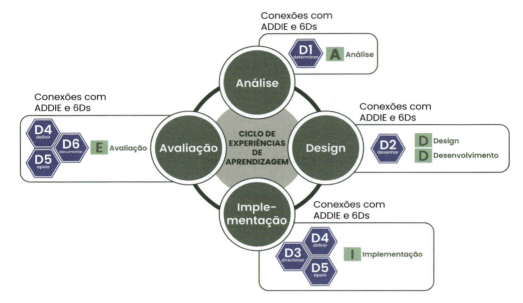

**Figura 3C:** O Ciclo de Experiências de Aprendizagem - Conexão com ADDIE e 6Ds

## AS ETAPAS DO CICLO DE EXPERIÊNCIAS DE APRENDIZAGEM

### Análise

A principal função desta etapa refere-se ao levantamento de dados e análise para identificação de necessidades específicas. O seu objetivo, como Consultor de Performance é determinar se a lacuna entre a performance entregue e a esperada pode ser eliminada por meio de aprendizagem, ou seja, você deve descobrir o que está impedindo o desempenho.

Uma vez que você tenha identificado a real necessidade de desenvolvimento de experiências de aprendizagem, será necessário definir os objetivos de aprendizagem ou performance de maneira específica e mensurável uma vez que este é o ponto de partida para a próxima etapa do ciclo.

## Design

Esta etapa contempla duas atividades fundamentais: o *Design* e o Desenvolvimento de Conteúdos. Enquanto o *Design* foca na estrutura que será utilizada para facilitar a aquisição de conhecimentos ou desenvolvimento de habilidades, por meio da escolha de métodos e estratégias adequadas, o Desenvolvimento se ocupa da curadoria e construção dos materiais necessários para a facilitação da experiência.

O *Design* é o coração do ciclo pois é nele que o planejamento da experiência de aprendizagem completa deve acontecer contemplando as 4 fases de aprendizagem e os principais atores de cada uma delas. É nesta etapa que conectamos os indicadores definidos na fase de análise com a avaliação de impacto da Experiência de Aprendizagem.

## Implementação

Esta é a fase do ciclo em que o planejamento é executado. Embora exista muito preparo até chegar este momento, não há garantia de que a implementação acontecerá sem desafios a serem enfrentados. Por esta razão, a condução de um piloto é altamente recomendada para que os ajustes necessários sejam feitos.

Os formatos de implementação podem variar de acordo com o que foi definido no *design* e, quando houver necessidade de facilitação presencial ou por meios digitais, é crucial que o facilitador tenha excelentes habilidades neste processo de modo a assegurar a participação e protagonismo dos aprendizes.

## Avaliação

A realidade é que a avaliação é o verdadeiro começo. É nesta etapa que avaliamos se os objetivos de aprendizagem ou performance foram alcançados. Um processo de avaliação com acuracidade deve medir a melhoria de performance e o impacto no negócio.

A etapa de avaliação só será precisa se a análise tiver sido conduzida com profundidade e o *design* tiver contemplado as 4 fases de aprendizagem e respectivos *stakeholders*.

As informações obtidas na avaliação devem retroalimentar a análise para garantir os ajustes que possam ser necessários e para que sirvam de base para o desenvolvimento de ações futuras.

O capítulo seguinte tratará com mais profundidade cada uma das etapas quando abordarei o que é preciso fazer para desenhar experiências de aprendizagem transformadoras, conectadas à performance das pessoas e alinhadas aos objetivos do negócio aproveitando a estrutura existente e fomentando uma cultura de aprendizagem florescente.

A seguir focarei na correlação entre as falhas da Educação Corporativa, as etapas do Ciclo de Experiências de Aprendizagem e as habilidades do Consultor de Performance. Com isso, quero ajudar você a identificar possíveis oportunidades de melhoria que poderão promover grandes resultados, possivelmente sem necessidade de grandes investimentos visto que o sucesso reside na habilidade de cultivar nas pessoas o comprometimento e a capacidade de aprender e ensinar em todos os níveis da organização.

## AS PRINCIPAIS FALHAS DE CADA ETAPA E COMO AS HABILIDADES DO CONSULTOR DE PERFORMANCE CONTRIBUEM PARA A SUA ELIMINAÇÃO

A estrutura existente nas áreas de educação corporativa hoje é bastante complexa e precisa ser compreendida em sua complexidade para que sejamos capazes de promover mudanças significativas que contribuirão para o negócio.

É comum tentarmos resolver os problemas por meio da busca da proximidade entre causa e efeito. O problema é que, em sistemas complexos, essa relação nem sempre está próxima em termos de tempo e espaço. Por isso, a primeira mudança que precisaremos promover diz respeito à nossa mentalidade, uma vez que vamos nos deparar com muita complexidade e, frente a cenários complexos, é comum haver diminuição em nossa confiança, pois pensamos que as coisas são muito complexas e não podemos fazer nada, uma vez que "as coisas são assim".

O pensamento sistêmico vai nos ajudar a ver o todo e a relação que existe entre as coisas e, assim, buscarmos identificar não um evento isolado, mas sim os padrões que se repetem, e podermos escolher intervir naquelas situações que promoverão o maior impacto.

Estamos discutindo sobre sistemas complexos; por isso, a correlação que apresento a seguir representa uma perspectiva, que não é única e não encerra todas as possibilidades. Ela serve como ponto de partida para suas reflexões e discussões com outros colegas, a partir das quais vocês poderão construir a estratégia que melhor se aplica à sua organização e ao estágio que estão vivenciando neste momento.

Algumas das principais falhas que analisamos no capítulo 3 podem ser classificadas como situações implícitas, que não se manifestam claramente todos os dias, mas que estão ali, interferindo no agravamento das demais. Chamo essas falhas de latentes, e vamos começar por elas, que podem não parecer as reais causas do problema, mas a atuação sobre elas pode produzir grandes impactos.

## FALHAS LATENTES

As falhas latentes são aquelas que podem não estar tão evidentes, apesar de comprometerem todas as etapas do ciclo de experiências de aprendizagem. Muitas vezes sequer são consideradas falhas, uma vez que, no modelo de educação corporativa vigente, elas podem estar diretamente relacionadas aos processos e até mesmo à cultura da organização.

Apesar de afetarem todas as etapas do ciclo de experiências de aprendizagem, cada uma delas pode impactar uma das fases de maneira mais direta, como veremos a seguir.

Considero que estas sejam as falhas nas quais devemos atuar com maior intensidade para promover a migração de modelos de educação corporativa convencionais para culturas de aprendizagem florescentes. Por isso, no caso das falhas latentes, a conexão entre a falha e as respectivas habilidades necessárias para a correção e os impactos estão separadas individualmente.

Convido você a refletir cuidadosamente sobre cada uma delas e sobre pequenas estratégias que pode adotar em sua rotina para semear novas ideias. Você vai notar que cada uma das falhas latentes pode demandar determinadas habilidades com mais ênfase, o que não significa que outras habilidades não sejam necessárias. Procure entender essas habilidades como essenciais para que você consiga eliminar essa falha.

- **Compartimentação da Educação Corporativa**

A existência de uma estrutura que trabalha como um fornecedor de treinamentos sempre disponível para promover o desenvolvimento das pessoas atribui a responsabilidade pela aprendizagem a uma área específica. Romper essa barreira exigirá, primordialmente, três dimensões das habilidades do consultor de performance.

As habilidades de consultoria e aconselhamento serão necessárias para a estruturação da proposta de transição, enquanto as habilidades de interlocução desempenham papel fundamental no estreitamento do relacionamento com *stakeholders* e na conquista de sua confiança para o sucesso da mudança. As habilidades relacionadas à gestão da mudança ajudarão você no processo de transição do modelo atual para o novo modelo proposto. **Note que estas habilidades impactam todas as etapas do Ciclo de Experiências de Aprendizagem**.

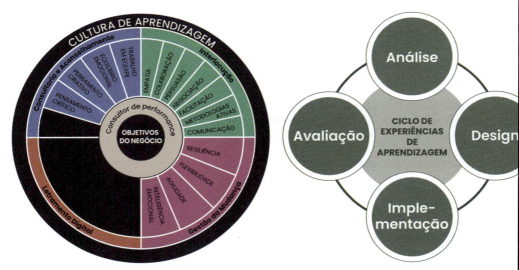

**Figura 4:** Compartimentação da Educação Corporativa: habilidades necessárias para correção e impacto positivo

- **Distanciamento da estratégia do negócio**

É possível que aqui esteja a falha que exigirá a maior mudança de *mindset* para sua correção. Corrigir essa falha implica um mergulho profundo no negócio, mas não só na lógica de criação, entrega e captura de valor da sua organização. Será necessário entender o mercado, as forças que pressionam o modelo de negócios da sua empresa e identificar as habilidades que podem garantir a sustentabilidade dos negócios.

Aqui, o letramento digital se une à consultoria e ao aconselhamento com mais força para assegurar que você está "entendendo a mensagem correta" em relação ao negócio. O trabalho em equipe será a chave para o seu preparo. Também merece destaque a gestão da mudança, com o olhar voltado para a sua necessidade de mudança de modelo mental.

Uma vez que você se aproxime do negócio, **a fase do Ciclo de Experiências de Aprendizagem que mais se beneficiará dessa proximidade será a análise**, crucial para a determinação dos resultados do negócio a serem impactados por meio da melhoria da performance das pessoas.

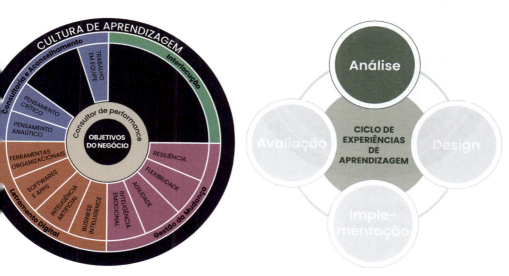

**Figura 5:** Distanciamento da estratégia do negócio: habilidades necessárias para correção e impacto positivo

- **Trabalhar de maneira responsiva**

Com o domínio profundo sobre o negócio, é momento de ampliar a contribuição da área de aprendizagem para outros horizontes. É aqui que os seus esforços se concentram na interlocução e na consultoria e aconselhamento para que, cada vez mais, você seja capaz de atuar em parceria com as lideranças, identificando necessidades de *upskilling* e *reskilling* em tempo real.

Isso não significa que o letramento digital não seja importante; ele é a base que contribui para que você mude a sua abordagem. Significa apenas que esse grupo de habilidades, assim como a gestão da mudança, estão nos bastidores e que o protagonismo é da interlocução e da consultoria e aconselhamento.

Mais uma vez, **a fase do Ciclo de Experiências de Aprendizagem que mais se beneficia com essa mudança é a análise**.

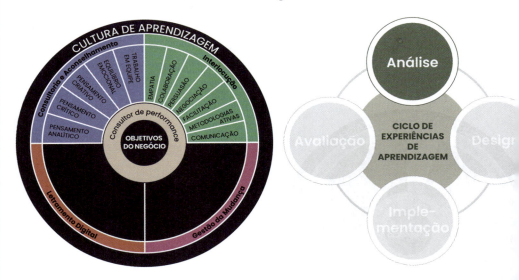

**Figura 6:** Trabalhar de maneira responsiva: habilidades necessárias para correção e impacto positivo

- **Coragem de dizer não**

Como vimos anteriormente, há muitos fatores subjacentes à falta de coragem de dizer não. Os fatores de origem pessoal são provenientes da nossa natureza humana, e refletir sobre uma nova forma de fazer Educação Corporativa passa pelo entendimento da nossa humanidade e pela compreensão de que precisamos de organizações mais adequadas às necessidades humanas de autorrespeito e autorrealização. Peter Senge refere-se ao crescimento e aos aprendizados pessoais como "domínio pessoal" e nos chama a atenção para o fato de que é das pessoas com altos níveis de domínio pessoal que surge o espírito da organização que aprende.

Também abordei as questões culturais e relacionadas à natureza do trabalho como barreiras para a coragem de dizer não, que evidenciam a necessidade de um trabalho conjunto que envolve muita comunicação e gestão da mudança. Aqui também vale a famosa frase "contra dados e fatos não há argumentos", uma vez que o uso de uma boa interlocução, especialmente neste caso, deverá vir acompanhado de argumentos pautados em dados.

Este é mais um exemplo de falha que pode impactar qualquer uma das fases do ciclo de experiências de aprendizagem.

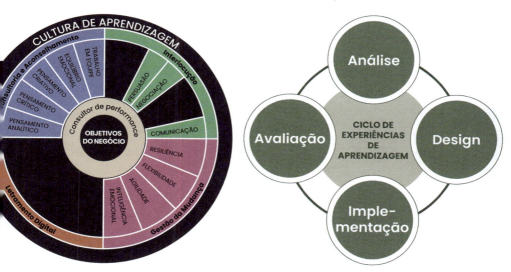

**Figura 7:** Coragem de dizer não: habilidades necessárias para correção e impacto positivo

- **Falta de envolvimento e preparo dos *stakeholders* para acompanhamento do processo**

Encerro a reflexão sobre falhas latentes por aquela que pode apresentar o maior desafio, pois implica no compartilhamento da responsabilidade sobre a aprendizagem com toda a organização. O envolvimento dos *stakeholders* passa pelo investimento de tempo na construção de uma relação de confiança com eles, a partir da qual conseguiremos evidenciar o nosso papel como parceiro estratégico do negócio.

O envolvimento deles permeia todas as etapas do ciclo, sendo que em algumas delas a responsabilidade será ainda maior devido ao seu papel no apoio à transferência, suporte à performance e verificação dos resultados. Dada a complexidade dessa relação e o grau de disrupção dessa mudança em relação aos modelos convencionais em funcionamento, para a correção dessa falha será necessário colocarmos em prática todas as nossas habilidades como consultores de performance.

Ao envolver e preparar os *stakeholders* para atuarem como nossos parceiros e guardiões da cultura de aprendizagem, **impactamos positivamente todas as etapas do ciclo de experiências de aprendizagem**.

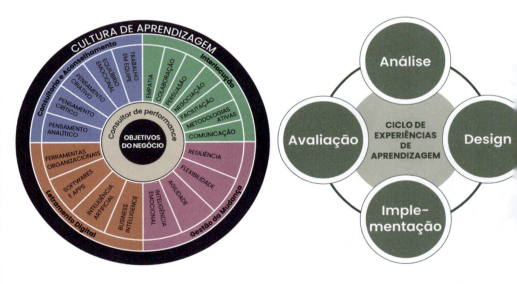

**Figura 8:** Falta de envolvimento e preparo dos *stakeholders* para acompanhamento do processo: habilidades necessárias para correção e impacto positivo

## FALHAS ANALÍTICAS

As falhas analíticas são aquelas que estão diretamente ligadas à primeira etapa do ciclo de experiências de aprendizagem e consequentemente impactam na avaliação, que é a última etapa. Na minha perspectiva, o potencial de alavancagem de sua correção é grandioso, uma vez que o resultado dessa análise é a clareza sobre o que precisa ser feito e como o progresso será medido, assegurando que nossa atuação contribua com o desenvolvimento das habilidades das pessoas em conexão com sua performance e com os objetivos do negócio.

Dentre as falhas que analisamos no capítulo anterior, as analíticas são:

- **Acreditar em LNT (Levantamento de Necessidades de Treinamento);**
- **Falta de definição de expectativas de performance e indicadores;**
- **Ausência de conexão entre a aprendizagem e os objetivos do negócio;**
- **Ausência de reconhecimento dos influenciadores de performance;**
- **Ausência de verificação de impacto.**

A natureza de cada uma delas, descrita no capítulo 3, evidencia a necessidade de ampliarmos nosso repertório quanto ao conhecimento do negócio, ao mesmo tempo que mudamos o nosso mindset para sairmos do papel de fornecedores de soluções de aprendizagem para parceiros estratégicos do negócio.

O letramento digital será um grande aliado da consultoria e do aconselhamento para que possamos nos preparar para a interlocução que nos levará ao resultado desejado para a correção de cada uma dessas falhas.

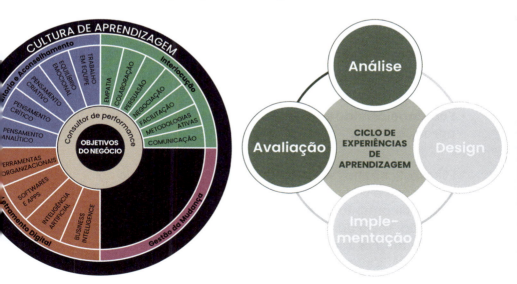

**Figura 9:** Falhas analíticas: habilidades necessárias para correção e impacto positivo

## FALHAS DE DESIGN

As falhas de *design* podem ter muitas origens, sendo algumas delas mais frequentes e mais fáceis de identificar do que outras. A primeira causa possível é a falta de profundidade e assertividade na análise. A segunda está relacionada ao nível de conhecimento do profissional que faz o *design*, uma vez que muitos de nós, como vimos no capítulo 2, chegam à área de educação corporativa com muito entusiasmo e pouca bagagem sobre a ciência da aprendizagem.

Para abordar a terceira causa possível, faço apenas uma pergunta: você se submeteria a uma cirurgia a ser realizada por um engenheiro? Se a sua resposta é não, por que razão você confiaria em um especialista que não se qualificou para isso, para fazer o *design* de experiências de aprendizagem?

Desenhar experiências de aprendizagem completas, centradas em quem aprende e na performance dessas pessoas, contemplando o engajamento dos *stakeholders* de maneira adequada em cada uma das fases, de modo a assegurar a transferência e verificação de resultados, exige conhecimento.

As principais falhas de *design* são:

- **Ausência de objetivos de aprendizagem específicos;**
- **Ofertas baseadas em conteúdos e aprendizagem formal;**
- **Paixão pelo conteúdo sem considerar o contexto;**
- **Foco nas atividades e não na conexão delas ao objetivo de aprendizagem.**

Evitar essas falhas significa fomentar uma cultura de aprendizagem que promove e valoriza intencionalmente a aprendizagem contínua, o compartilhamento de conhecimento e a experimentação. Isso só é possível por meio da proximidade com *stakeholders* e com o público a ser treinado. Por isso, as habilidades em maior destaque aqui são as relacionadas à interlocução, consultoria e aconselhamento.

O impacto de um bom *design* é amplo, com destaque para as etapas de *design* e implementação do ciclo de experiências de aprendizagem.

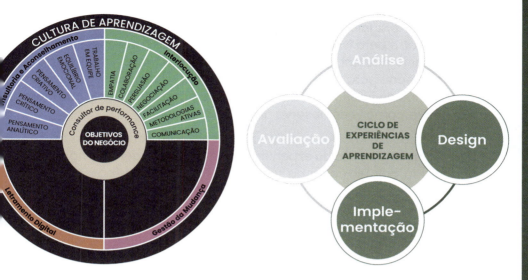

**Figura 10:** Falhas de Design: habilidades necessárias para correção e impacto positivo

## FALHAS DE IMPLEMENTAÇÃO

Dada a complexidade do sistema, isolar uma das falhas é desafiador; são muitas as interseções e, como você já percebeu, a causa de um problema pode não estar tão próxima quanto a princípio imaginamos. Alguns padrões se repetem com muita frequência nas falhas de implementação e pode ser que tenham origem na própria história das áreas de educação corporativa e recursos humanos.

Muitas vezes as falhas acontecem por estarmos fixando o nosso olhar em um único ponto e, neste caso, vale o distanciamento para que sejamos capazes de ver a floresta além das árvores que estão à nossa frente. Esse distanciamento nos levará às falhas latentes, e veremos o quanto as falhas de implementação podem desaparecer ao corrigirmos as que são latentes.

Uma outra perspectiva para lidar com as falhas de implementação, e que pode ser o ponto de partida, é começar pelo que podemos controlar. Dito isso, as principais falhas de implementação são:

- **Tratar a aprendizagem como evento;**
- **Priorização da logística.**

Uma parte significativa da correção dessas falhas está na mudança de *mindset*, e para isso é necessário focar em nós mesmos. Isso eleva a relevância das habilidades de gestão da mudança: primeiro para dentro e depois para o contexto no qual estamos inseridos. Algumas das habilidades de interlocução, consultoria e aconselhamento também são chave, como você observa na figura a seguir.

Neste caso, vou colocar propositalmente a luz sobre a fase de implementação do ciclo de experiências de aprendizagem como a mais impactada, pois ela costuma ser o endereço de uma de nossas principais dores: o engajamento, que será tratado a seguir.

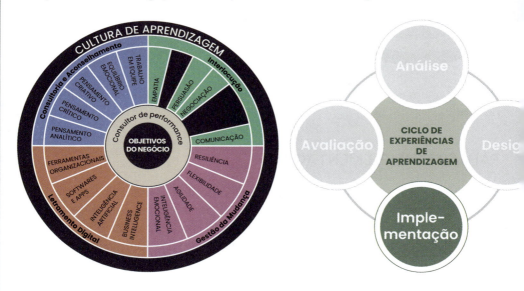

**Figura 11:** Falhas de Implementação: habilidades necessárias para correção e impacto positivo

Se você for uma pessoa que, como eu, vai e vem em sua leitura buscando fazer conexões, destacando pontos que se conectam com a sua realidade e registrando insights, deve estar se perguntando se eu teria esquecido de classificar **a falta de foco dos aprendizes na experiência de aprendizagem**. Não esqueci; escolhi tratar este ponto de maneira individual.

A falta de foco dos aprendizes deriva, primordialmente, da não percepção, por parte deles e dos *stakeholders*, da relevância que esse aprendizado tem para a melhoria de performance. Precisamos parar de ofertar treinamentos desnecessários para que seja possível abrir espaço para o que realmente importa.

A eliminação das falhas na educação corporativa requer uma abordagem sistêmica. Conforme Peter Senge nos ensina, o pensamento sistêmico é crucial para entender as interconexões entre diferentes partes da organização e para identificar as alavancas de maior impacto.

## O POSICIONAMENTO ESTRATÉGICO MORA AQUI

Possivelmente, as falhas latentes oferecerão os maiores desafios aos profissionais das áreas de Educação Corporativa e Recursos Humanos, pois muitas das mudanças necessárias parecem estar "fora do nosso alcance", por envolver outras áreas e *stakeholders*. Não caia na armadilha de pensar "o sistema é assim, não consigo mudar o sistema"; comece reestruturando a forma como você pensa e se afaste para "ver a floresta e não apenas a árvore".

O posicionamento estratégico mora nessa floresta; vá em frente e explore cada centímetro desse cenário com o olhar curioso do aprendiz. As mudanças necessárias podem exigir muito esforço; contudo, os resultados são de alto impacto.

As falhas analíticas são parceiras das falhas latentes, pois a correção delas o levará ao embasamento necessário para colocar em prática as suas habilidades de interlocução, consultoria e aconselhamento. Ao corrigir falhas analíticas, você atuará de maneira subjacente nas falhas latentes, e a percepção de esforço pode ser menor para produzir resultados que tendem a ser de alto impacto.

Você deve ter percebido que as falhas de *design*, assim como as de implementação, tendem a ser resolvidas por aquisição de conhecimentos e habilidades mais técnicas, portanto menos desafiadoras.

A matriz a seguir ilustra e posiciona os tipos de falha de acordo com o esforço necessário para a correção e o impacto que essa correção irá proporcionar. Contudo, não existe verdade absoluta, uma vez que cada organização é única e só você consegue avaliar "o tamanho da alavanca necessária para mover o seu mundo".

**Figura 12:** Matriz de priorização para correção de falhas na Educação Corporativa

Você deve ter estranhado o fato de eu ter trazido de volta a falta de foco dos aprendizes na experiência de aprendizagem e separado a ausência de verificação de impacto das falhas analíticas. Fiz isso para mostrar que:

- **De nada adianta focar em questões de engajamento de maneira isolada, pois, mesmo que isso demande baixo esforço, você não resolverá o problema.**
- **Tentar verificar o impacto sem clareza de objetivos, expectativa de performance (com indicadores) e alinhamento estratégico é colocar esforço em algo que não vai acontecer.**

Convido você a organizar suas ideias e, a partir das reflexões feitas com base no que aprendeu neste capítulo, classifique as falhas que você identifica na sua organização de acordo com o esforço necessário para a correção e o impacto proporcionado por essa ação.

A visão sistêmica do ciclo de experiências de aprendizagem ajudará você na identificação de mudanças de baixo esforço e alto impacto, promovendo a melhoria contínua da aprendizagem e contribuindo para o sucesso do *upskilling* e *reskilling*, de maneira alinhada aos objetivos estratégicos do seu negócio. No próximo capítulo, vou mergulhar com você nessa prática, desvendando as ações específicas para cada etapa do ciclo e como construir experiências de aprendizagem verdadeiramente transformadoras.

# SEU ESPAÇO

**REFLEXÕES**

**POR ONDE COMEÇAR?**

**QUEM ENVOLVER?**

**QUE RECURSOS SÃO NECESSÁRIOS?**

*"A educação é a arma mais poderosa que você pode usar para mudar o mundo."*

CAP. 5

# Como preparar o terreno para a transformação

# WHAT'S IN IT FOR ME?
## (WIIFM)

Aqui você encontra um roteiro prático para a transformação necessária para guiar a criação de experiências de aprendizagem significativas e a construção de uma cultura que valorize o aprendizado contínuo e melhoria de performance.

**Ideias centrais:**

- Mapeamento e priorização de *stakeholders*;
- Objetivos de Aprendizagem e OKRs;
- Melhoria na eficácia dos programas de aprendizagem.

Nos capítulos anteriores, construímos uma base sólida para a transformação da Educação Corporativa. Discutimos a necessidade da aprendizagem contínua, o papel crucial do profissional de aprendizagem e RH como consultor de performance, e o ciclo de experiências de aprendizagem como o caminho estratégico para alcançar resultados reais.

Também mapeamos as principais falhas na Educação Corporativa, conectando-as às etapas do Ciclo de Experiências de Aprendizagem e às habilidades necessárias para a sua correção, a fim de gerar impactos significativos no desempenho das pessoas e nos resultados do negócio.

Agora, é hora de mergulharmos na prática. O relatório do Fórum Econômico Mundial sobre o futuro do trabalho (*Future of Jobs Report 2025*) aponta um cenário de transformação acelerada no mercado de trabalho, impulsionado pela tecnologia, mudanças geopolíticas e a crescente necessidade de habilidades socioemocionais. Esse contexto reforça a urgência e a relevância de construirmos experiências de aprendizagem transformadoras, alinhadas às necessidades do negócio e capazes de preparar a força de trabalho para os desafios emergentes.

Para a construção dessas experiências de aprendizagem transformadoras, precisamos ser compatíveis com esse contexto. Para isso, é necessário reconhecer que o modelo "escolar" que adotamos para estruturar as nossas áreas de educação corporativa (independentemente do nome que você utilize na sua empresa) nasceu para atender a outro contexto, precisando ser transformado para atender ao mundo atual. Mas o que significa transformar?

Transformar significa passar de um estado ou condição a outro. Na física, transformação refere-se a qualquer alteração no estado de um sistema. Isso não significa que o sistema todo seja ruim e deva ser descartado. Transformar modelos convencionais de educação corporativa em culturas de aprendizagem florescentes não significa, portanto, invalidar tudo o que é feito atualmente, e sim alterar o que é necessário, utilizando o que já temos construído, verificando a correção daquilo que for necessário e acrescentando outras práticas para atender à realidade contemporânea.

## NOSSA MISSÃO COMO PEDRA FUNDAMENTAL DA TRANSFORMAÇÃO

Compreender, idealizar e promover a transformação necessária têm origem na razão pela qual existimos em uma organização. Já temos consciência de que o valor das áreas de T&D, aprendizagem corporativa ou universidades corporativas é indiscutível; agora precisamos trazer para a consciência a necessidade de mudança do nosso modelo mental para aumentar a efetividade do nosso trabalho. De fato, a educação corporativa aumenta a competitividade e o valor de mercado de uma organização e faz isso por meio do desenvolvimento das habilidades das pessoas e, consequentemente, do aumento de seu valor.

**Nossa missão é estimular e potencializar esse desenvolvimento por meio da criação de ambientes favoráveis ao florescimento de atitudes voltadas para a aprendizagem contínua em todos os níveis da organização.** Sim, continuaremos a utilizar a estrutura e os recursos disponíveis, mas lembre-se, não se trata da estrutura, e sim da mentalidade que precisamos cultivar.

Em outras palavras, nossa missão é atuar como Consultores de Performance que trabalham em parceria com as lideranças, escaneando o ambiente em busca da identificação de habilidades essenciais que precisam ser desenvolvidas para a competitividade e a sustentabilidade dos negócios.

## Por que consultores de performance e não outra denominação?

Para responder a essa pergunta, precisamos voltar à razão primordial pela qual as empresas precisam das pessoas e as contratam; ou seja, as pessoas são contratadas para performar um determinado trabalho que irá contribuir para o alcance dos resultados e propósito desse negócio, garantindo assim a competitividade e sustentabilidade no cenário abordado anteriormente.

**O termo *performance* tem origem nas artes** , onde a performance é vista como o jeito de executar alguma coisa de maneira própria, fazendo de uma forma diferente, que seja uma novidade. Ela diz respeito a tudo o que se aprende, mas não é executado exatamente como ensinaram, e sim de uma maneira própria e única que resulta da interação do indivíduo com os recursos e a audiência, fazendo com que cada performance seja única, uma vez que depende dessa interação.

A complexidade do contexto atual nos aproxima muito dessa perspectiva de performance, uma vez que mudam as variáveis, mudam os atores (colaboradores organizados por projetos), reorganizam-se os recursos, adiciona-se tecnologia e as pessoas precisam performar de maneira alinhada aos objetivos propostos.

Robert Mager, em seu livro *"Analyzing Performance Problems"*[1], é brilhante ao conseguir fazer a ponte entre essa perspectiva e a perspectiva organizacional. Como mencionei anteriormente, Mager define performance como atividades que podem ser vistas, ouvidas ou diretamente avaliadas. Essa performance é a referência que utilizamos para avaliar o desempenho das pessoas e, portanto, deve ser a mesma referência para buscar as causas quando identificamos que existe uma discrepância de performance.

Através da análise de performance, você poderá **determinar por que as pessoas não estão fazendo aquilo que deveriam ou por que estão fazendo alguma coisa que não deveriam fazer**. Mager descreve como discrepância a diferença entre o que é (performance atual) e o que deveria ser (performance esperada). Esse é o nosso papel; devemos investigar e recomendar a melhor solução que pode, ou não, ser aprendizagem (treinamento).

---

1 - *Analyzing Performance Problems* - Robert F. Mager & Peter Pipe - Third Edition - CEP Press.

## EXPERIÊNCIAS DE APRENDIZAGEM TRANSFORMADORAS

A criação de Experiências de Aprendizagem **é parte de nossa missão quando identificamos que uma discrepância de performance pode ser resolvida por meio da aprendizagem**. Podemos, assim, concluir que o sucesso do nosso trabalho consiste na melhoria da performance das pessoas por meio das recomendações que fazemos e que treinamentos ou experiências de aprendizagem estão entre as recomendações possíveis. Logo, a aprendizagem não é a "bala de prata" que irá resolver todos os problemas de performance.

### Aprendizagem e aprendizagem transformadora

Aprender talvez seja uma das coisas mais encantadoras da vida. A verdade é que, independentemente de percebermos ou não, aprendemos o tempo todo, intencionalmente ou não. Mas qual a natureza dos eventos que chamamos de aprendizagem?

O livro *"Aprendizagem: comportamento, linguagem e cognição"*, de A. Charles Catania, começa com uma discussão deliciosamente interessante sobre nossa percepção a respeito da aprendizagem e do comportamento quando nos convida a refletir sobre o entendimento de tais conceitos para o objeto de estudo de seu livro. Ele comenta que a definição que encontramos no dicionário sobre adquirir conhecimentos e habilidades não causa problemas em conversas cotidianas, mas não nos ajuda muito a compreender o fenômeno que chamamos de aprendizagem.

Catania enfatiza que estudar aprendizagem é estudar como o comportamento pode ser modificado e, considerando comportamento como qualquer coisa que um organismo faça, e que mesmo que essas ações possam ser descritas por verbos, ainda há que se considerar o contexto, pois há distinção entre ações ativas e ações passivas.

Para o contexto no qual esta obra está situada, entenderemos a aprendizagem como a mudança de comportamento de maneira duradoura como resultado de uma experiência de aprendizagem intencional. Essa aprendizagem será considerada transformadora quando houver melhoria na performance das pessoas como resultado da externalização do conhecimento, que está alinhada com o conceito de Conrado Schlochauer compartilhado no capítulo 2.

> *A revolução da aprendizagem corporativa é sobre a coragem de abandonar modelos incompatíveis com o contexto atual e ter a coragem de abraçar iniciativas que atravessam as paredes de uma área.*

## AÇÕES TRANSVERSAIS PARA A CONSTRUÇÃO DE EXPERIÊNCIAS DE APRENDIZAGEM TRANSFORMADORAS

No próximo capítulo, abordarei cada etapa do Ciclo de Experiências de Aprendizagem e o que precisa ser feito na prática para que a construção de uma Experiência de Aprendizagem seja efetiva. Provavelmente, você identificará muitas oportunidades de melhoria e é o desejo de contribuir com você nesta construção que motiva a escrita deste livro.

Contudo, antes de mergulhar na prática, precisamos abordar o que chamo de ações transversais que devem ser uma constante em sua rotina, integrando seu *mindset* como Consultor de Performance.

Estas ações são as que mais contribuem para a correção das falhas latentes, por isso é preciso cuidar delas com muita dedicação. Você enfrentará desafios, pois precisará dedicar tempo e energia para desenvolver novos hábitos e aprender sobre novos temas que talvez não façam parte de sua rotina hoje. Acredite, vale o esforço.

### Fale a língua do negócio

A primeira ação transversal e constante diz respeito ao conhecimento do negócio. Esse conhecimento passa pela compreensão do modelo de negócios de sua empresa, da concorrência e das movimentações no mercado que impactam esse modelo de negócios.

Uma vez que estou propondo a você uma atuação baseada em interlocução, consultoria e acompanhamento, sugiro que utilize o Business Model Canvas criado por Alexander Osterwalder e Yves Pigneur, que foi popularizado no livro *"Business Model Generation: Inovação em Modelos de Negócios"*[2]. Ele é uma excelente ferramenta colaborativa para você organizar as informações coletadas e utilizar nas suas interações com os diferentes *stakeholders* da sua organização.

---

2 - *Business Model Generation: Inovação Em Modelos De Negócios* - Edição Português por Alexander Osterwalder e Yves Pigneur

Ao se aprofundar no modelo de negócios da sua empresa, é necessário compreender o ambiente no qual esse modelo opera, identificando as principais forças que o pressionam, como, por exemplo:

- As tendências desse mercado, que incluem questões regulatórias, pressões realizadas pela sociedade e contexto cultural, influência da tecnologia e cenário socioeconômico.
- Forças do segmento que afetam fornecedores e outros atores da cadeia de valor, concorrência e novos players, produtos e serviços que se equiparam ou substituem os oferecidos pela sua empresa.
- Forças do mercado relacionadas ao segmento ao qual a sua empresa pertence, como oferta e demanda.
- Forças macroeconômicas que podem interferir em função de condições do mercado global, mercado de capitais, commodities e outros recursos.

Esse mergulho vai instrumentalizá-lo com dados que ampliarão seu repertório, aproximarão você do negócio e facilitarão sua interlocução com os principais *stakeholders* da organização.

Aprofunde-se em ferramentas bem-sucedidas de gestão de desempenho, como OKRs (Objetivos e Resultados-Chave). Faço essa indicação, pois este é um protocolo colaborativo de definição de metas para empresas, equipes e indivíduos que funciona muito bem em ambientes que promovem a colaboração, responsabilização e comunicação aberta, o que se alinha à atuação do Consultor de Performance e às Culturas de Aprendizagem Florescentes.

Como John Doerr destaca em seu livro *"Avalie o que Importa"*[3], definir OKRs exige um forte entendimento das metas estratégicas, das restrições de recursos, dos KPIs (Indicadores-Chave de Performance) relevantes e da cultura organizacional. Este processo de aproximação, colaboração e entendimento contribuirá para o desenvolvimento da perspicácia de negócios que garantirá que as iniciativas de desempenho estejam alinhadas com os objetivos gerais de negócios, otimizem a alocação de recursos e promovam um ambiente de apoio que gere resultados.

Um consultor de performance que não possui esse entendimento corre o risco de implementar estratégias ineficazes que não se traduzem

---

3 - *Avalie o que Importa - Como o Google, Bono Vox e a Fundação Gates sacudiram o mundo com os OKRs* - John Doerr - Alta Books Editora

em ganhos tangíveis para os negócios. O mantra de John Doerr deixa claro que ideias sem embasamento podem ser desastrosas. Adote esse mantra para você: *"Ideias são fáceis, execução é tudo"*.

Confira alguns exemplos de OKRs para verificar a eficácia e o impacto de treinamentos. Eles são projetados para serem ambiciosos, mas atingíveis, e claramente mensuráveis:

Vejamos alguns exemplos de OKRs para que você possa exercitar a sua visão de negócio:

**Exemplo 1: Treinamento de Segurança - Redução de Incidentes**

- **Objetivo:** Reduzir os incidentes de segurança em 30% no próximo ano.
- **Resultados-Chave (KRs):**
  - ◇ Realizar treinamentos de segurança para 100% dos funcionários.
  - ◇ Registrar e investigar todos os incidentes de segurança dentro de 24 horas.
  - ◇ Implementar um novo sistema de relatórios de incidentes e análise de riscos.

**Exemplo 2: Treinamento de Atendimento ao Cliente - Melhoria da Satisfação**

- **Objetivo:** Melhorar significativamente a satisfação do cliente em relação ao atendimento, refletindo-se na redução de reclamações.
- **Resultados-Chave (KRs):**
  - ◇ Reduzir o número de reclamações formais por mês em 15%.
  - ◇ Aumentar a pontuação de satisfação do cliente (NPS) de 60 para 75.
  - ◇ Melhorar o tempo médio de resolução de problemas em 25%.

## Reconheça sua humanidade, seja um ser social: envolva os *stakeholders*

Aqui começamos a descompartimentar a Educação Corporativa e disseminar a ideia de que somos todos responsáveis pela aprendizagem em uma organização. Em vez de uma área específica, **cultivaremos um ecossistema de aprendizagem, onde todos se comprometem com a criação de ambientes favoráveis ao florescimento de atitudes voltadas para a aprendizagem contínua em todos os níveis da organização**; afinal, aprendizagem é sobre conexão.

A conexão é tão importante que o sucesso de seus esforços para a criação deste ambiente e, consequentemente, o sucesso do *upskilling*, *reskilling* e promoção da prontidão da força de trabalho é um cultivo comunitário que não depende só de você; depende de outros *stakeholders*.

Tornar a aprendizagem uma responsabilidade compartilhada é um processo participativo. Isso significa envolver o maior número possível de pessoas que podem ser afetadas por uma iniciativa ou que tem interesse nela. Essas pessoas são chamadas *stakeholders*, ou partes interessadas.

*Stakeholders* em iniciativas de aprendizagem corporativa são indivíduos ou grupos que podem ser afetados ou afetar um programa de treinamento, desenvolvimento ou educação corporativa, ou que possuem um forte interesse nele por razões além do impacto direto (estratégico, de desempenho, etc.). Eles são categorizados como:

***Stakeholders* Primários:** Diretamente e significativamente afetados (positiva ou negativamente) pelo esforço de aprendizagem. Exemplos incluem:

- **Funcionários participantes:** Seu desempenho profissional e oportunidades de carreira são diretamente impactados pela eficácia do aprendizado. Um programa bem-sucedido resulta em aumento de habilidades e produtividade (efeito positivo);

um programa mal planejado pode gerar frustração e perda de tempo (efeito negativo).

- **Gestores diretos:** A produtividade e o desempenho de suas equipes são afetados pelo sucesso ou fracasso do programa de treinamento. Melhoria nas habilidades dos colaboradores impacta positivamente sua gestão (efeito positivo), enquanto a falta de resultados pode sobrecarregar a equipe de gestão (efeito negativo).

*Stakeholders* **Secundários:** Indiretamente afetados pelo esforço de aprendizagem. Por exemplo:

- **Educação Corporativa e Recursos Humanos:** Responsáveis pelo planejamento, implementação e avaliação do programa de treinamento, mas não participam diretamente do treinamento em si. O sucesso do programa contribui para a eficácia da Educação Corporativa e RH (efeito positivo).

- **Clientes:** O impacto da aprendizagem corporativa nos colaboradores pode afetar indiretamente a qualidade dos produtos ou serviços oferecidos aos clientes. Treinamento de qualidade leva a melhor atendimento e satisfação do cliente (efeito positivo).

*Stakeholders*-**Chave:** Podem impactar significativamente o sucesso ou fracasso do esforço de aprendizagem, independentemente do impacto direto. Isso inclui:

- **Executivos C-Level:** Determinam o orçamento, definem as prioridades estratégicas e aprovam as iniciativas estratégicas de aprendizagem. Sua visão e apoio são essenciais para o sucesso. Sua percepção sobre a priorização da aprendizagem afeta a forma como os demais atores da organização agem em relação às iniciativas propostas.

- **Fornecedores de treinamento:** A qualidade da entrega das Experiências de Aprendizagem e seu alinhamento à performance das pessoas e objetivos do negócio afeta diretamente o resultado do programa de aprendizagem.

- **Líderes de equipe:** O preparo de líderes de equipe para apoiar todas as fases de aprendizagem, propiciando oportunidades de aprendizado e aplicação dos conhecimentos adquiridos pelos colaboradores impacta o sucesso da iniciativa.

Os interesses dos *stakeholders* em Aprendizagem Corporativa são diversos, incluindo:

- **Melhoria do desempenho:** Aumento da produtividade, habilidades e resultados.
- **Desenvolvimento de carreira:** Oportunidades de crescimento profissional e salarial.
- **Retenção de talentos:** Aumento da satisfação e engajamento dos funcionários.
- **Retorno sobre o investimento:** Eficácia do programa em relação aos custos. Alinhamento estratégico: Conexão entre a aprendizagem e os objetivos de negócios.

## Mapeamento de *stakeholders* em iniciativas de aprendizagem

Um bom mapeamento de *stakeholders* em iniciativas de Aprendizagem Corporativa ajudará os profissionais de Educação e Recursos Humanos a definirem ações e abordagens intencionais que contribuirão com a eficácia da iniciativa proposta. O modelo que proponho aqui é flexível, adaptável e busca capturar a variedade de interesses que pode existir em cada iniciativa. Sugiro que você o utilize como exemplo e faça as adequações necessárias para melhor aderência à cultura de sua organização.

### Etapa 1: Identificação da iniciativa e objetivos

Os *stakeholders* variam de uma iniciativa para outra, e é possível que alguns *stakeholders*-chave se repitam em suas iniciativas, especialmente se forem promotores que atuam em parceria estreita com você para o cultivo de uma Cultura de Aprendizagem Florescente. Por isso, a primeira etapa é a definição da iniciativa em questão.

- **Nome da Iniciativa:** Defina claramente o nome da Experiência de Aprendizagem, Programa de Desenvolvimento, etc. Seja específico (Exemplo: "Programa de Desenvolvimento de Liderança para Gestores de Nível Médio", não apenas "Treinamento de Liderança").
- **Objetivos:** Liste os objetivos específicos e mensuráveis da iniciativa. O que se espera alcançar com o programa? (Ex.: Aumentar a

taxa de retenção de funcionários em 15%, melhorar a satisfação do cliente em 10%, aumentar a eficiência em 20%).

- **Público-alvo:** Identifique o grupo de funcionários que serão diretamente impactados pela iniciativa.

### Etapa 2: Identificação dos *Stakeholders*

Esta etapa requer um *brainstorming* colaborativo com representantes das diferentes áreas da organização. Considere as seguintes categorias, lembrando que a importância de cada categoria varia de acordo com a iniciativa:

- **Primários:** Quem será diretamente impactado pelos resultados da iniciativa (positivos ou negativos)? Liste os grupos e indivíduos específicos (Ex.: colaboradores participantes, gestores diretos, equipes de projeto).

- **Secundários:** Quem será indiretamente impactado? (Ex.: RH, TI, clientes, fornecedores, outras áreas da empresa).

- **Chave:** Quem possui poder de influência significativa na iniciativa, mesmo que não seja diretamente impactado? (Ex.: executivos C-Level, líderes de área, conselho administrativo, sindicatos).

### Etapa 3: Mapeamento dos Interesses e Influências

A Identificação do *Stakeholder* é a base para o mapeamento de seus interesses e influência. Uma vez que você tenha feito a identificação, documente:

- **Nome do *Stakeholder*:** Nome do indivíduo ou grupo. *Categoria* (*Primário, Secundário, Chave*): Classificação do *stakeholder*.

- **Interesse e intensidade:** Qual é o interesse deste *stakeholder* na iniciativa? (Ex.: melhoria de habilidades, desenvolvimento de carreira, impacto nos resultados da equipe, redução de custos, alinhamento estratégico). Utilize uma escala para quantificar a intensidade do interesse (Ex.: Baixo, Médio, Alto).

- **Nível de Influência:** Qual é o poder deste *stakeholder* de influenciar o sucesso ou fracasso da iniciativa? (Ex.: Baixo, Médio, Alto).

- **Potenciais Riscos:** Quais são os potenciais riscos ou desafios apresentados por este *stakeholder*? (Ex.: resistência à mudança, falta de recursos, conflitos de interesse).

- **Ações Propostas:** Como engajar este *stakeholder* para garantir apoio e sucesso da iniciativa? (Ex.: diálogo, comunicação, consulta, workshops, *feedback*).

**Etapa 4: Análise e Priorização**

Uma vez que você tenha mapeado os *stakeholders* de acordo com a sua iniciativa, é momento de priorizar as suas ações, e uma matriz pode mais uma vez ajudar você na tomada de decisão. Os eixos a serem considerados desta vez são o nível de influência e grau de interesse de cada *stakeholder*. Utilizar uma matriz como a que utilizamos no capítulo anterior para priorizar a correção de falhas pode facilitar este processo. A matriz abaixo ilustra esta classificação.

**Figura 13:** Matriz de priorização de ações com *stakeholders*

- **Promotores:** Aqueles com alto interesse e alto nível de influência. Requerem atenção e engajamento prioritários. Forme parcerias estreitas com estes profissionais pois eles podem contribuir com a disseminação positiva de suas iniciativas influenciando outras pessoas.
- **Defensores:** Aqueles com alto interesse, mas baixo nível de influência. Devem ser mantidos informados, pois, apesar do baixo nível de influência, podem disseminar a informação de maneira positiva.
- **Latentes:** Aqueles com baixo interesse e alto nível de influência. Não possuem interesse na iniciativa em particular, mas possuem

muita influência e podem contribuir caso se interessem de alguma forma. Invista em ações que podem engajá-los aumentando seu interesse. Utilize dados e seu conhecimento do negócios para se aproximar deste grupo.

- **Neutros:** Aqueles com baixo interesse e baixo nível de influência. Pode ser que sequer saibam sobre a iniciativa. Requerem menos atenção, monitore e mitigue os riscos para que não se tornem detratores de sua iniciativa.

Quando você estiver planejando ações transversais, elas não estarão ligadas a uma ação de aprendizagem específica e sim ao cultivo de uma Cultura de Aprendizagem Florescente. Por isso, você deverá procurar classificar os seus *stakeholders* de acordo com o interesse e percepção de valor que eles já possuem quanto ao **desenvolvimento das pessoas por meio da criação de ambientes favoráveis ao florescimento de atitudes voltadas para a aprendizagem contínua em todos os níveis da organização**.

Vejamos um exemplo de mapeamento de *stakeholders* e priorização de ações para aproximar os *stakeholders* e estabelecer a Educação Corporativa como responsabilidade compartilhada, no contexto da transição de um modelo convencional para uma Cultura de Aprendizagem Florescente.

**Iniciativa:** Implementação de uma Cultura de Aprendizagem Florescente na sua empresa.

**Objetivo:** Transformar a percepção da Educação Corporativa de um departamento isolado para uma responsabilidade compartilhada por todos na Empresa, resultando em maior engajamento e desenvolvimento contínuo dos colaboradores.

### Etapa 1: Identificação dos *Stakeholders*

- **Primários:** Departamento de RH, Aprendizagem Corporativa (UC, T&D). Colaboradores que participarão de programas de aprendizagem, seus gestores diretos.
- **Secundários:** Área de TI (para suporte tecnológico), clientes (impacto indireto na qualidade do serviço).
- **Chave:** CEO, Diretores, Líderes de equipe, Fornecedores de soluções de aprendizagem.

## Etapa 2: Mapeamento dos Interesses e Influência (Exemplo)

| Stakeholder | Categoria | Interesse | Influência | Ações | Potenciais Riscos |
|---|---|---|---|---|---|
| CEO | Chave | Alto | Alta | Escolha cuidadosa de fornecedores, alinhamento estratégico, *feedback* contínuo. | Resistência à mudança, falta de recursos, prioridades conflitantes. |
| Diretores | Chave | Médio a Alto | Média | Workshops, participação em grupos focais, apresentação de cases de sucesso. | Falta de alinhamento com a visão da empresa. |
| Líderes de Equipe | Chave | Médio | Média | Treinamentos com foco em coaching e mentoria, acompanhamento próximo. | Falta de tempo, resistência a novas metodologias. |
| Fornecedores de Treinamento | Chave | Alto | Média | Escolha cuidadosa de fornecedores, alinhamento estratégico, *feedback* contínuo. | Soluções desalinhadas da performance e objetivo do negócio, falta de compromisso. |
| Colaboradores Público-Alvo | Primário | Médio a Alto | Baixa | Comunicação clara e transparente, diagnóstico e *feedback* constante, valorização da participação. | Desinteresse por não perceber a relevância, falta de tempo, resistência a mudanças. |

| Stakeholder | Categoria | Interesse | Influência | Ações | Potenciais Riscos |
|---|---|---|---|---|---|
| Gestores Diretos | Primário | Alto | Média | Diagnóstico e desenvolvimento em questões identificadas de liderança e gestão de performance, incentivo ao uso de ferramentas de aprendizagem. | Resistência a novas metodologias, falta de tempo. |
| Áreas de RH, UCs e T&D | Primário | Alto | Média | Integração da iniciativa na estratégia de RH, acompanhamento e apoio. | Sobrecarga de trabalho, falta de recursos. |
| Clientes | Secundário | Baixo e Médio | Baixa | Monitoramento da satisfação, *feedback* indireto através dos colaboradores. | Insatisfação indireta devido à falta de desenvolvimento. |

**Figura 14:** Mapeamento de stakeholders de acordo com interesse e influência na implementação de uma Cultura de Aprendizagem Florescente na sua empresa.

## Etapa 3: Priorização de Ações por Perfil de *Stakeholder*

### Promotores (CEO, alguns Diretores e Líderes de Equipe)

Ações:

- Manter o engajamento através de relatórios frequentes, destacar resultados e impactos positivos, buscar *feedback* e incorporar sugestões.

- Criar oportunidades para participação em espaços de cocriação.

- Criar espaços de diálogo sobre os benefícios da conexão da aprendizagem à performance e objetivos estratégicos do negócio com suporte de dados.

- Dar visibilidade ao trabalho deles como "campeões" da nova cultura.

### Defensores (Colaboradores, alguns Gestores e RH)

Ações:

- Comunicar consistentemente os benefícios e impactos da nova cultura.
- Criar espaços para *feedback* e sugestões. Reconhecer publicamente contribuições.
- Promover histórias de sucesso de colaboradores.
- Criar oportunidades para participação em espaços de cocriação.

### Latentes (alguns Diretores, fornecedores)

Ações:

- Apresentar a iniciativa de forma clara e concisa, destacando os benefícios e o alinhamento estratégico com os objetivos da empresa.
- Criar oportunidades para participação em espaços de cocriação.
- Apresentar cases de sucesso de outras organizações.

### Neutros (Clientes, alguns colaboradores)

Ações:

- Monitorar a percepção indiretamente através de *feedback* dos colaboradores e clientes.
- Não interferir ativamente, mas manter a atenção para potenciais oportunidades de engajamento.
- Alcançar a todos na organização por meio de comunicação interna e eventos periódicos com foco no cultivo de uma Cultura de Aprendizagem Florescente.

Como tenho reforçado até aqui, este é apenas um exemplo uma vez que não existe uma resposta única e verdadeira para as inúmeras possiblidades e complexidade de seu ambiente. **A classificação dos *stakeholders* e as ações propostas podem variar dependendo do contexto específico da empresa e do nível de maturidade de sua cultura de aprendizagem**.

Vejamos alguns exemplos de OKRs para que você possa exercitar a sua visão de negócio:

## Opção 1 (Foco em Engajamento)

- **Objetivo:** Estabelecer a Educação Corporativa como responsabilidade compartilhada na Empresa X, aumentando o engajamento dos colaboradores em iniciativas de aprendizagem.
- **Resultados-Chave (KRs):**
  - ◇ Aumentar a participação ativa dos colaboradores em programas de aprendizagem em 30% até o final do ano.
  - ◇ Implementar 5 iniciativas de aprendizagem contemplando as 4 etapas de aprendizagem e o engajamento dos *stakeholders* diretos até dezembro.
  - ◇ Implementar avaliações de medição de impacto das experiências de aprendizagem em 20% das iniciativas, até dezembro.
  - ◇ Implementar 3 novos programas de aprendizagem liderados por colaboradores até o final do ano.
  - ◇ Aumentar em 20% o número de iniciativas de aprendizagem sugeridas pelos colaboradores, até o final do ano.
  - ◇ Criar uma comunidade online de aprendizagem informal com pelo menos 50% dos colaboradores ativos até o final do ano.

## Opção 2 (Foco em Impacto no Negócio)

- **Objetivo:** Transformar a Educação Corporativa em uma alavanca para o crescimento do negócio da sua empresa, impulsionando o desenvolvimento contínuo dos colaboradores.
- **Resultados-Chave (KRs):**
  - ◇ Aumentar em 15% a produtividade média dos colaboradores que participaram de programas de aprendizagem, até o final do ano.
  - ◇ Reduzir em 10% a rotatividade de funcionários até o final do ano.
  - ◇ Aumentar em 20% a receita por colaborador até o final do ano (correlacionando com o impacto do treinamento).
  - ◇ Melhorar a nota de satisfação do cliente em 5 pontos percentuais até o final do ano (correlacionando com o impacto do treinamento no atendimento).

- ◇ Implementar um sistema de mensuração do retorno do investimento em 3% dos programas de Desenvolvimento de Líderes até o final do trimestre.

## Opção 3 (Foco na Mudança Cultural):

- **Objetivo:** Cultivar uma Cultura de Aprendizagem Florescente na sua empresa, onde a Educação Corporativa é vista como uma responsabilidade compartilhada.

- **Resultados-Chave (KRs):**
  - ◇ Implementar um sistema de reconhecimento e premiação para colaboradores que contribuem para a cultura de aprendizagem até o final do semestre.
  - ◇ Realizar 4 workshops sobre aprendizagem contínua, com a participação de, no mínimo, 80% dos líderes até o final do ano.
  - ◇ Aumentar o número de sugestões de melhoria em programas de aprendizagem em 50%, até o final do ano.
  - ◇ Obter uma pontuação de 70% ou superior em pesquisas de clima organizacional relacionadas à valorização da aprendizagem, até o final do ano.
  - ◇ Obter um aumento de 25% na taxa de conclusão voluntária de cursos online até o final do ano.

Os exemplos apresentados a você não esgotam as possibilidades, eles são apenas referências para que você possa refletir sobre elas e elaborar a melhor solução para a sua empresa. Escolha a opção que melhor se alinha com sua realidade e acompanhe o progresso regularmente e lembre-se: a melhor opção sempre dependerá das prioridades e metas específicas do seu negócio. Comece por uma iniciativa, construa um case e reúna dados que contribuam com a sua interlocução.

Neste capítulo, abordei aspectos essenciais para o preparo do terreno para que ele esteja fértil o suficiente para o seu cultivo. No próximo, você entrará em contato com o que precisa ser feito em cada etapa do Ciclo de Experiências de Aprendizagem para que as Experiências de Aprendizagem propostas por você sejam realmente transformadoras.

# SEU ESPAÇO

**REFLEXÕES**

**POR ONDE COMEÇAR?**

**QUEM ENVOLVER?**

**QUE RECURSOS SÃO NECESSÁRIOS?**

"O progresso sem mudança é impossível, e quem não consegue mudar a própria mente não consegue mudar nada."

(George Bernard Shaw)

CAP. 6

# Promovendo Experiências de Aprendizagem Transformadoras

# WHAT'S IN IT FOR ME?
## (WIIFM)

Neste capítulo você encontra uma visão transformadora para o profissional de RH e T&D, posicionando os profissionais como consultores estratégicos. Descubra um framework detalhado com etapas e orientações claras para construir Experiências de Aprendizagem mais eficazes e impactantes.

**Ideias centrais:**

- Do treinamento para a experiência transformadora;
- As quatro fases da aprendizagem e os cinco momentos de necessidade;
- Slow Learning versus Agile.

Chegou o momento de focarmos na prática que resulta no posicionamento estratégico do Consultor de Performance, no qual a missão da organização impulsiona o desenvolvimento de habilidades relevantes, garantindo que a aprendizagem se traduza em resultados palpáveis para o negócio.

O capítulo anterior preparou o terreno para o cultivo de uma Cultura de Aprendizagem Florescente, na qual o nosso papel vai muito além da criação e distribuição de conteúdos. Precisamos estar próximos do negócio e dos líderes, exercitando a escuta ativa e as habilidades do Consultor de Performance para compreender o que está acontecendo e identificar que contribuições podemos oferecer para solucionar os problemas existentes.

É importante que você saiba que esta obra não se propõe a ser um manual de *Design* de Aprendizagem, mas sim um guia sobre o que precisa ser contemplado em cada etapa do Ciclo de Experiências de Aprendizagem para que uma Experiência de Aprendizagem seja transformadora. O ciclo é um processo contínuo em nossa atuação, e cada etapa desse ciclo pode ser estruturada em processos que variam de acordo com a abordagem que a sua empresa adotar.

O que realmente importa é "fazer o que precisa ser feito" com excelência em cada etapa, independentemente da metodologia que você escolher adotar (6Ds, o ADDIE ou outro sistema de *design* instrucional de sua preferência). O que vai garantir a excelência na execução de todas as etapas são ações transversais, intencionais, que derivam desse novo *mindset* que passa a direcionar suas ações.

---

### Alerta importante:
*será necessário repensar a forma como você faz as coisas,*
*e isso não é uma tarefa fácil.*

---

Em seu livro *"Pense de Novo"*[1], Adam Grant descreve três modos de pensamento que frequentemente adotamos em nossas interações e tomadas de decisão: o modo pastor, o modo advogado e o modo político. No modo pastor, defendemos nossas crenças e ideais com fervor, buscando proteger e promover o que consideramos sagrado. Esse modo nos leva a pregar para os outros, defendendo nossas convicções sem

---

1 - Grant, Adam. *Pense de novo: O poder de saber o que você não sabe* (Portuguese Edition).

abertura para o questionamento. Já no modo advogado, nos posicionamos de forma defensiva ao identificar falhas no raciocínio de outros, usando argumentos persuasivos para refutar teorias contrárias e "ganhar" o debate.

Por fim, no modo político, a ênfase está em ganhar a aprovação dos outros, fazendo campanha e manobrando para conquistar apoio, o que pode nos levar a compromissos que não refletem necessariamente nossas opiniões mais sinceras. Grant alerta que esses modos de pensamento podem se transformar em armadilhas, impedindo-nos de repensar nossas visões e de adotar uma postura mais reflexiva e científica em relação às decisões e desafios que enfrentamos.

Ao refletir sobre a importância de repensar nossas abordagens e decisões, é essencial que o Consultor de Performance abrace o pensamento do cientista. Nesse contexto, ser um cientista representa uma mentalidade estratégica que exige curiosidade, ceticismo e disposição para atualizar nossas crenças à luz de novas informações.

Ao invés de se restringir a defender ideais ou argumentar convincentemente, o consultor pode adotar uma postura mais investigativa, formulando hipóteses sobre as necessidades do negócio e testando-as por meio de experimentos práticos. Essa maneira de pensar permite que se evitem armadilhas cognitivas, promovendo decisões mais bem fundamentadas e eficazes. Assim, ao explorar as diversas etapas do Ciclo de Experiências de Aprendizagem, pense como um cientista: questione, teste e aprenda continuamente para garantir que suas soluções de aprendizagem realmente façam a diferença nas realidades organizacionais.

## Antes de começar!

Embora o futuro já tenha chegado quando o assunto é tecnologia, mudança e complexidade, a elasticidade do tempo ainda não aconteceu. Por isso, é preciso refletir friamente sobre o que você irá parar de fazer para começar a fazer o que é preciso para que seu trabalho impacte a forma como a aprendizagem acontece e se transfere para a prática na sua organização.

Será preciso questionar por que você faz o que faz. Muitas vezes, seguimos fazendo o que sempre foi feito sem questionar ou refletir sobre a efetividade. Conhece a história da receita do peixe?

Conta-se que a receita mais tradicional e deliciosa de uma família era a de um peixe assado. Certo dia, ao fazer a receita, uma das netas ficou intrigada, pois a primeira orientação era para que o peixe fosse cortado ao meio, mas não no sentido longitudinal. Ela procurou então compreender a lógica, mas sem encontrar o porquê, questionou sua mãe, que explicou que a assadeira da avó era tão pequena que era necessário cortar o peixe ao meio para poder assá-lo. Encontre os seus "peixes", deixe de investir energia naquilo que não agrega valor ao seu trabalho e à aprendizagem.

**Prepare-se para dizer não**

Será necessário dizer não. Robert F. Mager, em seu livro *"Analysing Performance Problems"*[2], traz uma provocação na introdução do livro ao dizer que as pessoas fazem as coisas pelas razões mais estranhas e deixam de fazê-las por razões inusitadas. Muitas vezes, a própria estrutura da solicitação que chega até nós sugere a solução. Não caia na tentação de atender ao pedido sem investigar e, quando necessário, diga não.

Se você estiver atuando em parceria com os seus *stakeholders*, é possível que você nem tenha que dizer não, uma vez que eles mesmos terão concluído, junto com você, que talvez a melhor solução não seja um treinamento.

Bem, agora sim, vamos colocar as mãos na massa!

---

2 - *Analyzing Performance Problems* - Robert F. Mager & Peter Pipe - Third Edition - CEP Press.

## ANÁLISE

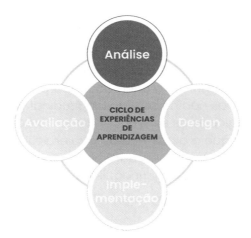

No capítulo 4, vimos que a principal função desta etapa se refere ao levantamento de dados e análise para a identificação de necessidades específicas. Como Consultores de Performance, buscamos identificar oportunidades de contribuição para a melhoria da performance das pessoas de maneira alinhada às necessidades do negócio e, para que isso se confirme a etapa de análise é crucial.

É comum conectarmos as necessidades de aquisição de conhecimentos e desenvolvimento de habilidades à existência de discrepâncias de performance, necessidades de *upskilling* e *reskilling*. O olhar do Consultor de Performance, que atua próximo aos líderes e ao negócio, acrescentará uma camada importante nesta etapa do ciclo, uma vez que identificará também as necessidades de habilidades necessárias para a competitividade e sustentabilidade do negócio.

### Saiba o que está acontecendo no negócio

A primeira grande virada em nossa atuação consiste em estar presente no dia a dia de cada área, conversando com as pessoas em busca de entender genuinamente os problemas que elas estão enfrentando e a origem deles. Não é sobre perguntar que treinamento as pessoas precisam, e sim exercitar a escuta ativa e habilidades de interlocução, consultoria e aconselhamento.

Ao identificar um problema, não deduza qual a melhor solução; investigue com o olhar do cientista, buscando informações que confirmem ou não as suas hipóteses para que você possa oferecer possibilidades concretas e relevantes de soluções para os problemas identificados. O aprofundamento diagnóstico deve substituir o LNT (Levantamento de Necessidades de Treinamento), pois o diagnóstico busca encontrar a causa do problema para que a solução seja eficaz.

Quando estiver diante de um problema, procure compreender qual o impacto dele no negócio e seja curioso o suficiente para perguntar o que acontece se não fizermos nada para solucionar este problema.

## Não vá em frente sem a participação dos *stakeholders* no processo

No capítulo anterior, nos aprofundamos no mapeamento dos *stakeholders*. Há muita coisa envolvida na vida real dentro de uma organização que pode influenciar positivamente ou negativamente uma experiência de aprendizagem, muitas coisas estão acontecendo e só em uma Cultura de Aprendizagem Florescente a aprendizagem é priorizada.

A definição de expectativa de performance, os objetivos do negócio impactados por essa performance e o suporte para que as pessoas possam aprender e transferir o aprendizado para a prática, dependem dos *stakeholders* e da forma como eles agem delineando a Cultura da empresa que se reflete na Cultura de Aprendizagem. Se eles não estiverem com você desde o início, os riscos serão elevados. A percepção de relevância pode ser comprometida, o tempo necessário para aprender pode não existir e a ausência de suporte à performance pode anular o que foi construído. Isso, sem mencionar a verificação de impacto.

Uma vez que você tenha mapeado os *stakeholders* de uma iniciativa, você precisa utilizar suas habilidades de interlocução para engajá-los no processo. Eles precisam saber do que se trata, quais são os impactos da iniciativa no negócio, por que a participação deles é importante e quais contribuições se espera deles no processo. Estruture a sua comunicação e esteja preparado para fazer perguntas e ajudá-los a refletir. Lembre-se: eles não são os especialistas em aprendizagem; por isso, precisarão de suas contribuições para chegar às respostas que, em sua maioria, não são óbvias.

## Comece pelo fim

Medir o impacto de uma experiência de aprendizagem só é possível se você tiver clareza do que precisa alcançar. Você deverá identificar a expectativa de performance ideal, a performance atual e o impacto dessa performance no negócio.

Na primeira disciplina das 6Ds, a análise corresponde à determinação dos resultados para o negócio. Nesta etapa, você deve conectar os objetivos do negócio ao que será oferecido como solução, descrever o que as pessoas farão melhor ou de maneira diferente (performance) e estabelecer o critério de sucesso para que possa medir os resultados.

Você verá que este novo *mindset* vincula totalmente a etapa de Avaliação à Análise uma vez que a verificação do progresso depende de um objetivo estabelecido e da verificação do resultado atual que gerou a necessidade de aprendizagem.

## A análise que transforma: desvendando o sucesso da aprendizagem corporativa

Em busca da excelência em treinamento e desenvolvimento, muitos profissionais de Educação Corporativa e RH se apoiam em *briefings* iniciais como base para o desenvolvimento de programas. Embora úteis como ponto de partida, esses *briefings*, muitas vezes resumidos e superficiais, são insuficientes para garantir o sucesso. A verdadeira transformação na performance individual e nos resultados de negócio só é alcançada com um aprofundamento diagnóstico robusto, que garante o desenvolvimento de soluções realmente eficazes e impactantes.

Imagine um programa de treinamento que, ao invés de resolver problemas, apenas os mascara. Ou, ainda pior, que gera frustração e perda de tempo para colaboradores e gestores. Este cenário, infelizmente comum, pode ser evitado com uma análise criteriosa que vai além do *briefing* superficial.

Um *briefing*, idealmente, guia a execução de um projeto, fornecendo informações como dados da empresa, do mercado e os objetivos do negócio. No entanto, na prática da aprendizagem corporativa, ele muitas vezes se resume a uma descrição da demanda, sem dados cruciais para a construção de uma solução verdadeiramente eficaz.

Informações essenciais como: expectativas de performance e a performance atual, indicadores-chave de desempenho (KPIs), *stakeholders* envolvidos e seus interesses, influenciadores de performance presentes no ambiente e, principalmente, os objetivos de aprendizagem específicos, são frequentemente omitidas. Note que essas informações serão utilizadas na etapa de *design* para a elaboração de instrumentos de medição e suporte aos *stakeholders* para acompanhamento do progresso.

## Coleta de dados: seu mapa para o sucesso

O sucesso da sua intervenção depende diretamente da qualidade da análise inicial. Por isso, não abra mão de um profundo mergulho na realidade da sua organização. Existem vários métodos para coletar dados e a escolha do mais adequado depende das particularidades da demanda, da disponibilidade de tempo e da localização dos participantes. A combinação de métodos, explorando suas vantagens e mitigando seus riscos, é altamente recomendada para garantir a precisão e a riqueza da sua análise.

## Métodos para uma análise transformadora

Para aprofundar sua compreensão e desenhar experiências de aprendizagem de alto impacto, considere os seguintes métodos de coleta de dados:

- **Entrevistas Individuais:** Permite explorar profundamente as perspectivas e experiências individuais.

- **Entrevistas em Grupo (Focus Group):** Facilita a discussão e a identificação de temas comuns e perspectivas diversas.

- **Entrevistas Colaborativas com Canvas DI-Empatia (Metodologia Trahentem®):** Oferece uma estrutura visual para facilitar a cocriação e a compreensão profunda de necessidades e expectativas.

- **Observação do Trabalho:** Fornece *insights* diretos sobre os processos e o ambiente de trabalho.

- **Pesquisas:** Permite coletar dados quantitativos e qualitativos de forma eficiente e abrangente.

**120** ■ REVOLUÇÃO DA APRENDIZAGEM

Confira abaixo as vantagens e os riscos de cada técnica, para auxiliar você a tomar a melhor decisão para sua análise e garantir que seus esforços de aprendizagem corporativa sejam verdadeiramente transformadores.

| Técnica | Vantagens | Riscos |
|---|---|---|
| **Entrevistas individuais** | • Riqueza de dados.<br>• Flexibilidade na coleta.<br>• Apropriação dos resultados por parte dos *stakeholders*. | • Falta de confiabilidade dos dados.<br>• Custo.<br>• Sensibilidade ao tempo.<br>• Poucos respondentes. |
| **Entrevistas em Grupo (Focus Group)** | • Mais dados, mais rápido.<br>• Visibilidade de seu diagnóstico para o cliente interno.<br>• Flexibilidade na coleta de dados.<br>• Sinergia e estímulo.<br>• Obtenção de dados de públicos de baixa escolaridade. | • Generalização do resultado.<br>• Custo.<br>• Influência da dinâmica do grupo.<br>• Compilação dos dados. |
| **Entrevistas Colaborativas com DI Empatia** | • Processo centrado no ser humano.<br>• Clusterização das informações para identificação de influenciadores de performance.<br>• Inclusão da visão empática no processo diagnóstico. | • Sensibilidade ao tempo.<br>• Compilação dos dados. |
| **Observação do trabalho** | • Fornece evidências válidas das lacunas de performance.<br>• Concentra a solução em lacunas críticas.<br>• Facilita a obtenção de indicador para validação dos resultados da solução. | • Sensibilidade ao tempo.<br>• Custo. |
| **Pesquisas** | • Fácil de administrar.<br>• Alto alcance.<br>• Alta confiabilidade. | • Perguntas ruins levam a resultados sem sentido.<br>• O anonimato pode diminuir a validade e outras correlações.<br>• Retorno geralmente baixo.<br>• Falta de flexibilidade. |

Independente do método ou da combinação que você faça, exercite suas habilidades de Interlocução, Consultoria e Aconselhamento, preparando-se para este processo.

Cada uma das técnicas demandará um preparo específico, mas é importante que você tenha clareza de cada passo para sua condução. Determine o objetivo, construa perguntas válidas, pense na introdução e, nos casos em que você estiver conduzindo uma entrevista, focus group ou reunião colaborativa, elabore um roteiro que contenha:

- **Propósito da entrevista/reunião:** as pessoas precisam de clareza sobre o que acontecerá para se sentirem seguras para contribuir.

- **Sponsor:** comunique quem é o principal patrocinador do projeto, a pessoa que apoia. Em geral, será um dos seus *stakeholders*-chave, um promotor.

- **Como os participantes foram escolhidos:** a transparência sobre o critério de escolha valida a relevância da participação de cada um.

- **Confidencialidade:** assegure que a confidencialidade será mantida, exceto em casos importantes nos quais a permissão para compartilhamento será solicitada.

- **Sobre você:** resuma as razões que qualificam você para estar com o grupo e como pode agregar valor ao processo.

- **Grave a reunião:** a atenção plena é o bem mais precioso de um Consultor de Performance. Solicite autorização para gravar o processo, a fim de evitar que você perca informações importantes.

- **Tempo necessário:** especifique a duração do processo e se prepare para cumprir o acordado; isso demonstra respeito e cuidado.

## Documente a análise e atribua valor ao seu trabalho

Uma vez que você tenha finalizado o processo de coleta de dados, será o momento de combinar o Letramento Digital com as habilidades de Consultoria e Aconselhamento para que você faça a compilação e análise de dados, que devem ser resumidos em um relatório que documenta como o processo aconteceu e os principais resultados.

Se você agiu como um Consultor de Performance e estiver indo além, é chegado o momento de compartilhar os problemas que você encontrou e as contribuições de valor que você traz para o negócio.

Documentar é um processo fundamental e você não precisa produzir um relatório extenso, mas sim consistente. O formato do relatório e como ele será apresentado dependem da cultura de sua organização. Independentemente do formato que você escolher, três pontos essenciais devem estar presentes. São eles:

- **Observações:** aqui você deve registrar o que foi possível observar, sem julgamento de valor. Informe sua percepção quanto à participação ativa das pessoas, conforto para compartilhar informações, pontualidade e o que mais for perceptível.

- **Conclusões:** esta é a parte mais importante do relatório, pois trata-se do resultado da etapa de análise. Suas conclusões devem estar baseadas nos dados coletados e nas suas observações, sem julgamento de valor. As habilidades de Consultoria e Aconselhamento desempenham um papel fundamental aqui.

- **Recomendações:** é aqui que você valida sua atuação como Consultor de Performance, indicando caminhos que vão além da produção e distribuição de conteúdo. A aprendizagem só será a solução quando houver necessidade de aquisição de conhecimento ou desenvolvimento de habilidades, e as recomendações, neste caso, devem vir acompanhadas dos objetivos de aprendizagem. Problemas de performance ocasionados por outros influenciadores de performance devem ser resolvidos por outros caminhos, e indicar a necessidade de outras soluções é sua responsabilidade.

Muitas coisas que estão presentes no ambiente de trabalho podem influenciar a performance das pessoas. Chamamos esses fatores de influenciadores de performance, já mencionados anteriormente. Muitas vezes, durante o processo de análise, encontramos indícios de que a performance das pessoas está sendo afetada pela atuação da liderança. Neste caso, será necessário identificarmos em nosso relatório que nos deparamos com este fato e que será necessário aprofundar a investigação nesta direção, colocando o(s) líder(es) no centro do processo.

A figura a seguir ilustra alguns dos influenciadores de performance que podemos encontrar no ambiente, mas não esgota todas as possibilidades.

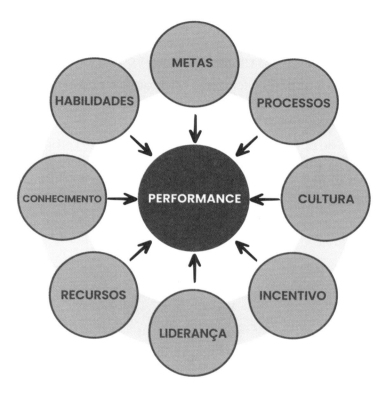

**Figura 15:** Influenciadores de Performance

## Objetivo de aprendizagem: a bússola que transforma a educação corporativa!

Para os casos em que aprendizagem for a melhor solução, você deverá indicar os objetivos de aprendizagem específicos da Experiência de Aprendizagem a ser desenvolvida para que possa validar os mesmos junto aos *stakeholders* antes de investir tempo e recursos no desenvolvimento da solução.

Quero chamar a sua atenção neste momento para o fato de eu não estar me referindo aos conteúdos e sim aos objetivos de aprendizagem uma vez que o conteúdo depende do objetivo. No capítulo 5 mencionei que aprender sobre algo não é a mesma coisa que aprender a fazer algo. Uma pessoa pode aprender a dirigir um carro sem saber como funciona o motor deste veículo e vice-versa. Portanto o conhecimento necessário depende da atividade a ser realizada, ou seja, da performance esperada.

No capítulo 3 apontei o foco nas atividades e não em sua conexão com o objetivo. Estabelecer um objetivo específico é o ponto de partida para a eliminação desta falha.

O objetivo de aprendizagem é o elo principal entre a etapa de Análise e a etapa de *Design* do Ciclo de Experiências de Aprendizagem pois dele deriva tudo o que acontecerá intencionalmente para o alcance deste objetivo.

## DESIGN

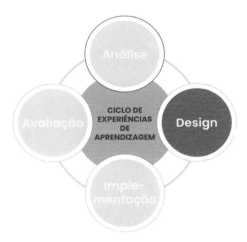

Ao adentrarmos na segunda etapa do Ciclo de Experiências de Aprendizagem, convido você a focar no *design* de experiências que realmente transformam. Essa fase é crucial, pois envolve a quebra de paradigmas que podem limitar nossa compreensão do que significa aprender de forma eficaz. Ao reconhecermos o objetivo de aprendizagem como o elo fundamental entre a análise das necessidades e a construção de experiências envolventes e significativas direcionamos nossa intencionalidade para o alcance deste objetivo.

Ao contrário da visão tradicional que entende a aprendizagem como um simples evento de produção e distribuição de conteúdo, defendo uma abordagem mais holística, onde a experiência deve ser cuidadosamente desenhada, levando em consideração as quatro fases da aprendizagem, engajando todos os *stakeholders* relevantes e preparando-os para dar o suporte necessário àqueles que precisam aprender e melhorar sua performance.

## Os cinco momentos de necessidade

Agora que você já sabe, com base no resultado da etapa de análise, que a aquisição de conhecimentos ou desenvolvimento de habilidades é necessária e tem em mãos o objetivo de aprendizagem específico, é hora de refletir sobre a melhor maneira de ajudar as pessoas a aprenderem o que elas precisam e isso pode variar de acordo com o momento.

A clareza sobre o momento de necessidade que as pessoas estão vivenciando ajudará você a tomar melhores decisões com relação ao *design*. No livro *"Innovative Performance Support"*[3], Conrad Gottfredson e Bob Mosher apresentam estratégias práticas para a aprendizagem no local de trabalho de maneira formal e informal. Eles classificam os momentos de necessidade de aprendizagem em cinco categorias que nos guiam para a decisão sobre a oferta de aprendizagem formal ou informal:

1. **Quando estamos aprendendo a fazer algo pela primeira vez:** neste caso, a aprendizagem formal costuma ser a mais indicada.

2. **Aprofundamento de conhecimentos e habilidades:** refere-se ao momento em que expandimos o conhecimento em profundidade ou abrangência. A aprendizagem formal é a indicada com mais frequência.

3. **No momento da aplicação:** quando os aprendizes precisam aplicar o que aprenderam. Isso implica em planejar o que irão fazer, relembrar o que talvez tenham esquecido ou adaptar a performance a uma situação única. As práticas de *Help Desk* muitas vezes assumem um papel importante neste momento, embora o foco dessas áreas esteja mais no quarto momento.

---

3 - *Innovative Performance Support: Strategies and Practices for Learning in the Workflow* - Conrad Gottfredson and Bob Mosher

4. **Resolução de problemas:** quando algo dá errado, é preciso que a solução seja encontrada em tempo real.
5. **Quando acontecem mudanças:** quando as pessoas precisam aprender uma nova maneira de fazer algo e, portanto, mudam as habilidades necessárias para executar o que faziam.

**Novos** conhecimentos e habilidades | **Aprofundamento** de conhecimentos e habilidades | Aplicação **imediata**, momento do uso | **Resolução de problemas**, quando algo dá errado | Quando **mudanças** acontecem

**Figura 16:** Cinco momentos de necessidade de aprendizagem. Adaptado de Conrad Gottfredson e Bob Mosher

De maneira geral, as áreas de Educação Corporativa têm focado nos momentos 1 e 2, e têm feito isso por meio de aprendizagem formal, entregue por meio de desenvolvimento e distribuição de conteúdos, tratando a aprendizagem como um evento. A primeira recomendação aqui é que a aprendizagem formal contemple as 4 fases da aprendizagem e o envolvimento dos *stakeholders* para assegurar o sucesso da iniciativa.

Contudo, a vida real acontece nos momentos 3, 4 e 5, que caracterizam a aplicação do conhecimento adquirido, os problemas e mudanças que podem surgir no ambiente de trabalho, os quais continuam demandando aprendizagem. O fato de a aprendizagem acontecer no local de trabalho não significa que ela seja um evento. Ela continua sendo um processo que demanda o envolvimento dos *stakeholders*.

Muitas coisas influenciam a experiência dos participantes e podem impactar o resultado da transferência, resolver essas questões só é possível a partir do entendimento da aprendizagem como um processo e como responsabilidade compartilhada. Para assegurar o *design* de uma Experiência de Aprendizagem completa é preciso analisar as quatro fases de aprendizagem e compreender como a responsabilidade dos *stakeholders* varia de acordo com cada uma delas.

## As quatro fases de aprendizagem

Uma vez que compreendemos a aprendizagem transformadora como um processo que promove melhoria na performance das pessoas como resultado da externalização do conhecimento adquirido formal ou informalmente, precisamos planejar o que irá acontecer intencionalmente em cada fase do processo.

A metodologia 6Ds, As seis disciplinas que transformam educação em resultados para o negócio, ampliaram a perspectiva antiga que dividia o processo em três fases, sendo "antes, durante e depois" de uma intervenção de aprendizagem para as quatro fases de aprendizagem, sendo:

- **Preparação:** momento que prepara as pessoas para participarem de uma intervenção de aprendizagem. Este momento pode incluir leituras preparatórias, atividades práticas e identificação de prioridades de aprendizagem, entre outras. Como consultor de performance e semeador de uma cultura de aprendizagem florescente, você deve incluir nesta etapa não só o preparo dos aprendizes, mas também dos *stakeholders* para que eles possam participar ativamente do processo, alinhando expectativas de performance, transferência e objetivos do negócio.

- **Aprendizado:** esta fase refere-se ao aprendizado estruturado e que, em geral, é a única etapa contemplada pelos profissionais de educação corporativa. Esta etapa inclui o desenho da experiência a partir do objetivo de aprendizagem específico e deve ser elaborada de modo a favorecer o aprendizado do adulto, proporcionando oportunidade de exercício do objetivo por meio de atividades práticas em ambiente seguro.

- **Transferência:** esta fase diz respeito à externalização do conhecimento por meio da aplicação do conhecimento no trabalho. Ela inclui o estabelecimento de metas, planejamento de ações, acompanhamento e *feedback*, reflexões e colaboração. A cultura de aprendizagem conta muito sobre o seu nível de maturidade nesta fase, uma vez que o ambiente precisa ser favorável para que a transferência aconteça.

- **Realização:** consiste no reconhecimento da melhoria de performance por meio de autoavaliação, avaliação e verificação de métricas de desempenho que devem ter sido estabelecidas na etapa de Análise do Ciclo de Experiências de Aprendizagem. Uma Cultura de Aprendizagem Florescente valoriza e reconhece o aprendizado, e isso só acontece em **ambientes favoráveis ao florescimento de atitudes voltadas para a aprendizagem contínua em todos os níveis da organização**.

**Figura 17:** As 4 fases de aprendizagem. Adaptado da Metodologia 6Ds, As seis disciplinas que transformam educação em resultado para o negócio

Uma experiência de aprendizagem transformadora precisa ser completa, e isso inclui contemplar as quatro fases de aprendizagem e atividades específicas para os *stakeholders* responsáveis pelo sucesso em cada uma delas.

Há diversas maneiras de se pensar sobre esta relação, e talvez o primeiro grande passo nessa direção tenha sido dado por Broad & Newstrom em seu livro *"Transfer of Training: Action-Packed Strategies to Ensure High Payoff from Training Investment"*[4], na qual eles propõem uma matriz que correlaciona o papel de cada um (gerente, coach, participante) de acordo com o tempo (antes, durante e depois).

Como Consultor de Performance precisamos ampliar este olhar tendo em perspectiva dois objetivos:

- Contribuir para o *upskilling, reskilling* e prontidão da força de trabalho por meio de Experiências de Aprendizagem transformadoras que se transferem para a prática impactando positivamente os objetivos estratégicos do negócio.

- Cultivar ambientes favoráveis ao florescimento de atitudes voltadas para a aprendizagem contínua em todos os níveis da organização.

Por isso ao fazer o *design* da solução considere o envolvimento de cada *stakeholder*, em cada uma das fases, de acordo com a sua responsabilidade.

---

4 - *Transfer of Training: Action-Packed Strategies to Ensure High Payoff from Training Investment - Mary Broad* (1992)

| | **1. PREPARAÇÃO**<br>papéis e responsabilidades |
|---|---|
| **Consultor de Performance** | • Facilitar a preparação dos aprendizes e *stakeholders*, alinhando expectativas e objetivos.<br>• Identificar as prioridades de aprendizagem e criar atividades preparatórias para todos os *stakeholders*.<br>• Preparar os *stakeholders*. |
| **Aprendizes** | • Participar ativamente das atividades preparatórias.<br>• Refletir sobre suas necessidades de aprendizagem e objetivos pessoais. |
| **Líderes** | • Apoiar e incentivar a participação dos aprendizes nas atividades de preparação.<br>• Alinhar as expectativas de performance com os objetivos do negócio. |
| ***Stakeholders-*chave:** | • Envolver-se nas definições de expectativas e objetivos, colaborando na comunicação com ênfase na conexão entre a aprendizagem e o objetivo estratégico do negócio. |

## 2. APRENDIZADO
### papéis e responsabilidades

| | |
|---|---|
| **Consultor de Performance** | • Desenhar ou validar a experiência de aprendizagem com base nos objetivos específicos e princípios de *design* de aprendizagem e aprendizagem de adultos, contemplando aprendizagem formal e informal.<br>• Proporcionar um ambiente seguro e favorável para o aprendizado prático e conectado à realidade dos aprendizes e à sua performance. |
| **Aprendizes** | • Manter a abertura para a experiência de aprendizagem estruturada e se envolver ativamente nas atividades práticas.<br>• Oferecer *feedback* para a melhoria contínua das iniciativas propostas |
| **Líderes** | • Garantir que os aprendizes tenham o suporte necessário durante o aprendizado.<br>• Estimular a prática e a reflexão sobre o que está sendo aprendido.<br>• Assegurar tempo para a dedicação necessária ao aprendizado realocando recursos quando necessário. |
| ***Stakeholders*-chave:** | • Contribuir com informações valiosas que ajudem a moldar a experiência de aprendizagem, alinhando-a às necessidades do negócio.<br>• Priorizar a aprendizagem manifestando interesse pelas iniciativas em andamento. |

| | **3. TRANSFERÊNCIA**<br>papéis e responsabilidades |
|---|---|
| **Consultor de Performance** | • Manter clareza sobre as metas (definidas na etapa de Análise do Ciclo de Experiências de Aprendizagem) e práticas para a aplicação do conhecimento no trabalho.<br>• Planejar ações de acompanhamento e *feedback*.<br>• Preparar os *Stakeholders* para acompanhamento e *feedback*. |
| **Aprendizes** | • Aplicar os conhecimentos adquiridos em situações reais de trabalho.<br>• Buscar *feedback* e refletir sobre a aplicação do aprendizado.<br>• Utilizar os erros como oportunidade de aprendizado. |
| **Líderes** | • Criar um ambiente favorável à transferência, incentivando a aplicação prática do que foi aprendido.<br>• Contribuir para a construção de aprendizado a partir dos erros.<br>• Fornecer suporte e acompanhamento contínuo. |
| **Stakeholders-chave:** | • Participar ativamente das atividades transversais propostas favorecendo o processo de transferência, oferecendo suporte e reconhecendo o valor do aprendizado para o negócio. |

## 4. REALIZAÇÃO
### papéis e responsabilidades

| | |
|---|---|
| **Consultor de Performance** | • Preparar os instrumentos para avaliação e verificação de métricas de desempenho.<br>• Preparar os *stakeholders* para a avaliação e verificação do progresso.<br>• Reconhecer as melhorias e conquistas dos aprendizes.<br>• Documentar os resultados. |
| **Aprendizes** | • Realizar autoavaliações e buscar formas de medir seu progresso e desempenho.<br>• Receber *feedback* de sua liderança mantendo abertura para ajustar o que for necessário e contribuindo com perspectivas diversas.<br>• Aplicar o aprendizado contribuindo com o alcance dos objetivos do negócio. |
| **Líderes** | • Avaliar o progresso de acordo com as métricas estabelecidas.<br>• Reconhecer e valorizar as melhorias de performance evidenciadas.<br>• Incentivar a aprendizagem contínua e a evolução profissional dos membros da equipe.<br>• Contribuir para a melhoria contínua das iniciativas de aprendizagem. |
| **Stakeholders-chave:** | • Apoiar a realização de avaliações e colaborar na criação de condições que favoreçam o reconhecimento do aprendizado e resultados obtidos. |

O reconhecimento dessas responsabilidades é fundamental para a garantia de uma Experiência de Aprendizagem transformadora, que não apenas atenda às necessidades de melhoria de performance, mas também contribua para a melhoria contínua e para o cultivo de uma Cultura de Aprendizagem Florescente.

## Dicas valiosas sobre *design*

Mesmo que com este livro eu não me proponha a oferecer um passo a passo para a estruturação do *design* de uma iniciativa, uma vez que isso é apenas parte do processo da transformação necessária, sinto a necessidade de destacar alguns pontos fundamentais para que você assegure a qualidade desta etapa.

O aprendizado se apoia em nossos processos psicológicos, e a nossa memória desempenha um papel fundamental nesse contexto. De fato, devemos considerar que existem diferentes tipos de memória; a memória de trabalho, também conhecida como memória de curto prazo, é onde ocorrem os processos de pensamento e aprendizado. Essa memória tem uma capacidade limitada e não suporta grandes volumes de informação, o que pode restringir a assimilação de novos conhecimentos.

Em contraste, a memória de longo prazo é o local onde armazenamos o conhecimento e as experiências adquiridas ao longo da vida, permitindo que acumulemos um volume incalculável de informações. Contudo, **para que novos conhecimentos sejam efetivamente armazenados na memória de longo prazo, é necessária uma sequência de ações intencionais**, que são pensadas pelo *designer* e se materializam nas ações dos facilitadores, que visa facilitar esse aprendizado. O objetivo é que, ao introduzirmos um conhecimento, ele seja efetivamente transportado para a memória de longo prazo, onde poderá ser recuperado rapidamente quando sua aplicação for necessária.

Uma das primeiras etapas desse processo envolve fazer com que o conhecimento passe por filtros perceptivos. Como bem afirma Elaine Biech[5], o cérebro é como um computador que só funciona quando está ligado, e isso ocorre quando o conhecimento é reconhecido como

---

5 - *The art and science of training* - Elaine Biech - ATD Press

relevante para a vida do aprendiz. Portanto, é essencial manter a atenção dos participantes, focando apenas em aspectos importantes para eles.

Ao realizar esse processo intencionalmente, despertamos a disposição dos participantes, que começam a perceber a relevância do aprendizado em questão. Essa prática está alinhada ao primeiro princípio da Andragogia, que aponta a importância da motivação e da relevância dos conteúdos para o aprendiz.

Uma vez estabelecida a relevância do conhecimento, é crucial facilitar o processamento desse novo aprendizado através da gestão da área cognitiva. Para isso, é importante evitar o excesso de conteúdo, entregando o conhecimento em pequenos pacotes, permitindo que os participantes processem as informações de forma mais eficaz.

A conexão dos novos conhecimentos com as informações já existentes é fundamental para transportá-los para a memória de longo prazo, criando o que se denomina aprendizagem significativa. Esse processo valoriza a experiência prévia dos participantes, respeitando seu conhecimento, conforme preceitua o princípio da experiência na Andragogia.

Entretanto, para que o conhecimento seja adequadamente processado e armazenado, é necessário promover ensaios e codificação por meio de atividades práticas e exercícios. Assim, vemos que o aprendizado se traduz na aplicação do conhecimento em uma performance melhorada. Para que isso ocorra, é essencial ensaiar o resgate das informações, facilitando o acesso a esse conhecimento na prática, especialmente quando os participantes precisarem executar uma atividade que exige esse aprendizado. A avaliação, então, consiste na verificação do progresso da aprendizagem de acordo com o objetivo, refletindo o entendimento e a aplicação do conhecimento.

As etapas intencionais de atividades e avaliações representam a prática dos princípios da autonomia e da ação. Essa intencionalidade deve estar presente tanto no desenho de uma experiência de aprendizagem quanto no processo de facilitação. Somente assim garantimos que o aprendizado seja efetivo, significativo e aplicável na realidade dos participantes.

Agora você conhece os porquês da definição de *Design* de Aprendizagem apresentada no capítulo 3: "*Organização sistematizada, encadeada e intencional de conteúdos, com a utilização de metodologias ou estratégias de aprendizagem adequadas a cada tipo de conhecimento, de modo a estimular e facilitar o processo de aprendizagem em diferentes contextos e promover a mudança de conduta com relação à performance, atitudes e comportamentos."*[6]

Para que esta definição se adeque ao novo contexto, a reescrevi, acrescentando elementos essenciais para assegurar o *design* de Experiências de Aprendizagem Transformadoras que contribuem com o cultivo de Culturas de Aprendizagem Florescentes:

O *design* de Experiências de Aprendizagem Transformadoras consiste na organização sistematizada, encadeada e intencional de conteúdos, **com a utilização de metodologias ou estratégias de aprendizagem adequadas a cada tipo de conhecimento, conectadas ao objetivo de aprendizagem e com o engajamento dos** *stakeholders* **em ambientes formais ou informais**, de modo a estimular e facilitar **as quatro fases do processo de aprendizagem** em diferentes contextos e promover a mudança de conduta com relação à performance, atitudes e comportamentos.

A aprendizagem formal é importante e precisa ser acompanhada da aprendizagem informal uma vez que em um ambiente controlado de aprendizagem promovemos a ação por meio de atividades que favorecem o processamento, a codificação e armazenamento na memória de longo prazo em ambiente seguro bem como o exercício da recuperação. Contudo, é na prática que o que aprendiz precisará recuperar a informação que aprendeu e o processo de transferência acontece fora deste ambiente seguro.

Contemplar a aprendizagem informal intencionalmente contribuirá não só para a aquisição de conhecimentos e desenvolvimento de habilidades, mas também com os momentos de necessidade 3, 4 e 5 apresentados anteriormente:

- **Momento da aplicação**
- **Resolução de problemas**
- **Quando acontecem mudanças**

Desenhar uma Experiência de Aprendizagem completa é planejar intencionalmente cada detalhe que irá se materializar na implementação desta experiência.

---

6 - *Design de Aprendizagem com uso de Canvas* - Trahentem® - Flora Alves - DVS Editora

## IMPLEMENTAÇÃO

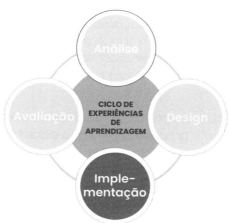

A etapa de Implementação, no contexto do Ciclo de Experiências de Aprendizagem de uma Cultura de Aprendizagem Florescente, transcende a simples execução logística e se concentra na facilitação de uma jornada de aprendizagem significativa e transformadora. Aqui, o foco reside em como a aprendizagem efetivamente acontece e como ela é internalizada pelos aprendizes em cada uma das quatro etapas de aprendizagem.

É nesta etapa que precisamos de uma mudança radical no *mindset* do profissional que trabalha nas áreas de T&D, Educação Corporativa e RH uma vez que agendas, horários de intervalo, listas de presença, indicadores de frequência, evasão e avaliações de reação, conhecimento e relatórios extraídos de plataformas não serão mais o foco visto que não evidenciam melhorias de performance.

Certamente tarefas logísticas farão parte deste processo e continuam tendo relevância, porém o objetivo é diferente. A logística cuidará de assegurar que a comunicação flua pelos canais mais adequados, que todos estejam informados dentro dos prazos necessários para organizarem suas tarefas, que os recursos necessários para aprender estejam disponíveis, que o ambiente seja agradável e favoreça a troca e que a comunicação flua do começo ao fim de modo a facilitar o processo de aprendizagem.

Nesta etapa do ciclo, o Consultor de Performance deve atuar como um verdadeiro articulador colocando em prática suas habilidades de Gestão da Mudança e Interlocução de maneira prioritária. Também é papel do Consultor de Performance assegurar que os Facilitadores, Multiplicadores Internos e parceiros estejam preparados para atuar com base nos mesmos princípios do *Design*, ou seja, centrados nos aprendizes e em sua performance.

A interação contínua com os aprendizes e *stakeholders* é crucial, permitindo monitorar o progresso, ajustar a abordagem conforme necessário e fornecer *feedback* personalizado e oportuno. O ambiente de aprendizagem deve ser cuidadosamente monitorado para assegurar que as condições sejam propícias à troca e à prática. Isso inclui o encorajamento da colaboração entre os aprendizes, a criação de oportunidades para aplicação prática do que foi aprendido, e o fornecimento de recursos adicionais para aqueles que possam estar enfrentando dificuldades.

Os líderes desempenham um papel essencial na etapa de implementação. Sua responsabilidade principal é assegurar que os aprendizes estejam apoiados no ambiente de trabalho, com tempo e recursos adequados para aplicar o conhecimento e incorporar os novos aprendizados em seu trabalho. Eles também devem demonstrar, através de suas ações e atitudes, um compromisso genuíno com a cultura de aprendizagem contínua.

Os *stakeholders*-chave, por sua vez, devem ser mantidos engajados no processo, fornecendo informações atualizadas e respondendo a qualquer dúvida que possa surgir. Sua participação contínua não somente valida a experiência de aprendizagem, mas também fortalece seu compromisso com a construção de uma Cultura de Aprendizagem Florescente dentro da organização.

Em resumo, a Implementação não se trata apenas de "fazer acontecer", mas de assegurar que a experiência de aprendizagem realmente se desenvolva da maneira esperada, promovendo mudanças comportamentais e melhorias efetivas na performance individual e organizacional. A atenção foca na experiência do aprendiz, promovendo seu engajamento e buscando formas de garantir a transferência do conhecimento para o dia a dia do trabalho.

## Slow Learning X Agile

A cultura *agile*, com sua ênfase na velocidade e na entrega rápida, muitas vezes ignora um aspecto fundamental da aprendizagem humana: a necessidade de tempo para a reflexão e a internalização do conhecimento. Embora a agilidade seja valiosa em muitos contextos, aplicá-la indiscriminadamente à aprendizagem pode ser contraproducente, especialmente considerando os princípios da andragogia, a ciência da aprendizagem de adultos.

Adultos aprendem melhor quando o processo é relevante para suas vidas, quando eles têm voz ativa na definição do que e como aprenderão, e quando são tratados como indivíduos autônomos e experientes. A pressa inerente ao *agile* pode minar esses princípios, criando um ambiente onde a aprendizagem se torna superficial e não leva à mudança comportamental duradoura.

Quando proponho o *slow learning*, estou convidando você a reconhecer a complexidade do processo cognitivo e a importância da experiência na construção do conhecimento. A aprendizagem não é um evento linear e instantâneo; ela é um processo iterativo que exige tempo para reflexão, experimentação e integração de novas informações com os conhecimentos prévios.

A andragogia nos ensina que adultos aprendem melhor através da experiência prática, da resolução de problemas reais e da interação colaborativa. A cultura agile, mais focada em sprints curtos e entregas imediatas, pode obstruir esse processo, favorecendo a memorização superficial em detrimento da compreensão profunda e da aplicação prática do conhecimento.

A urgência pela velocidade pode resultar em falta de tempo dedicado à real aprendizagem e internalização do conhecimento. A pressa para finalizar tarefas e cumprir prazos pode levar os aprendizes a se sentirem sobrecarregados, afetando sua capacidade de concentração e de integração das novas informações. A consequência é uma aprendizagem fragmentada e pouco efetiva, minimizando os resultados esperados e comprometendo o retorno sobre o investimento em treinamento.

**Orçar e dedicar tempo suficiente para que o processo de aprendizagem ocorra de forma completa é crucial para garantir o sucesso da implementação**. A pressa em entregar resultados sem considerar a profundidade da aprendizagem pode resultar em treinamentos ineficazes, impactando negativamente a performance individual e organizacional a longo prazo. O *slow learning*, não é um antagonismo e sim um contraponto necessário à cultura agile, enfatizando a importância da reflexão, da experiência e do tempo para uma aprendizagem verdadeiramente transformadora.

Em suma, enquanto a agilidade pode ser benéfica em certas áreas, a aprendizagem requer tempo.

## AVALIAÇÃO

No ciclo de experiências de aprendizagem transformadoras, a etapa de análise representa uma mudança de paradigma. Demos um salto do simples levantamento de necessidades para uma imersão profunda na realidade organizacional, priorizando a medição do que realmente importa para o negócio.

É momento de esquecer as avaliações que focam na reação e na aquisição de conhecimentos para focar nos resultados. **Os indicadores de performance (KPIs), definidos previamente na etapa de análise, servirão como bússola, guiando nossas ações e permitindo a medição do impacto real da aprendizagem.**

Os métodos utilizados para avaliar foram definidos em função de cada indicador específico estabelecido na etapa de análise e devem estar alinhados às particularidades da organização. Na etapa de *Design*, os instrumentos foram desenhados para serem utilizados pelos *stakehol-ders* durante a transferência.

A avaliação, longe de ser um evento isolado no final do processo, é um acompanhamento contínuo do progresso da aprendizagem e da transferência para o ambiente de trabalho. É papel do Consultor de Performance atuar como facilitador, preparando os líderes para este acompanhamento contínuo e assegurando que a coleta de dados seja colaborativa, envolvendo *stakeholders*-chave. Eles, com sua visão privilegiada da performance diária dos colaboradores, fornecerão dados valiosos que irão alimentar nossa análise.

A análise dos resultados se torna, então, um processo iterativo, comparando os dados coletados com as expectativas predefinidas. A simples constatação de que metas foram atingidas não basta. Investigaremos as causas das discrepâncias, compreendendo os fatores que influenciaram o sucesso da iniciativa.

Finalmente, a transparência é crucial: os resultados são comunicados clara e objetivamente a todos os *stakeholders*, fornecendo insumos valiosos para a tomada de decisões estratégicas e o aprimoramento contínuo das experiências de aprendizagem, gerando impacto real no desempenho e no sucesso do negócio.

Explorei com você cada etapa do ciclo buscando uma abordagem holística que valoriza a atuação estratégica do Consultor de Performance que alinha a aprendizagem com os objetivos do negócio e promove uma cultura de melhoria e aprendizagem contínua.

No entanto, assim como você, reconheço que muitas organizações operam longe desse ideal. O caminho de treinamentos convencionais para Culturas de Aprendizagem Florescentes não é um salto, mas uma transição cuidadosamente gerenciada.

Os próximos capítulos funcionarão como seu guia prático, fornecendo um roteiro estratégico para navegar nessa transformação. Você descobrirá como avaliar a maturidade atual da Cultura de Aprendizagem de sua organização, identificar os principais obstáculos à mudança e implementar uma abordagem gradual para construir um ecossistema de aprendizagem mais robusto e sustentável. Prepare-se para ir além da teoria e adotar as estratégias práticas necessárias para promover uma cultura em que a aprendizagem não seja apenas um evento, mas um processo contínuo e transformador.

# SEU ESPAÇO

**REFLEXÕES**

**POR ONDE COMEÇAR?**

**QUEM ENVOLVER?**

**QUE RECURSOS SÃO NECESSÁRIOS?**

*"Segue o teu destino, rega as tuas plantas, ama as tuas rosas. O resto é a sombra de árvores alheias."*

(Fernando Pessoa)

# Cultivando uma Cultura de Aprendizagem Florescente

# WHAT'S IN IT FOR ME?
## (WIIFM)

Este capítulo fornece a você diretrizes para cultivar uma Cultura de Aprendizagem Florescente, incluindo a promoção da colaboração, a criação de um ambiente favorável e o alinhamento com a estratégia.

**Ideias centrais:**

- Alinhamento com a estratégia;
- Conexão como superpotência;
- O papel da liderança;
- Ecossistemas de aprendizagem.

*"Não somos seres isolados, somos seres sociais. Precisamos uns dos outros para viver, e muitas vezes para sobreviver. Segundo um provérbio africano, é preciso uma aldeia inteira para educar uma criança. Pais, mães e cuidadores sabem bem o quanto uma rede de apoio é importante.*

*Na antropologia, a aldeia é considerada uma das formas mais antigas de organização social humana. Ela representa um agrupamento de pessoas que vivem em um mesmo local e que possuem laços de parentesco ou afinidade. Nessas comunidades, as relações são baseadas em vínculos de parentesco, cooperação mútua e compartilhamento de recursos. Além disso, as decisões são tomadas de forma coletiva, por meio de consensos e acordos entre os membros da comunidade.*

*Cada aldeia tem seu jeito de fazer as coisas. Esse jeito gira em torno de crenças e valores, além de envolver rituais de passagem que marcam a transformação e a evolução da vida de um estágio a outro. Hoje, não sabemos muito bem como serão as coisas nesse futuro tão incerto, mas sabemos que precisaremos cada vez mais uns dos outros. Aprendizagem é guarda compartilhada, é o esforço de uma aldeia inteira."*

Este texto lindamente escrito por Monica Almeida, uma das pessoas mais incríveis da nossa aldeia, é o roteiro de um vídeo que criamos para introduzir o tema "Cultura de Aprendizagem", pois acreditamos na força colaborativa desta responsabilidade compartilhada, que chamamos de guarda compartilhada como a mola propulsora do *design* de uma Cultura de Aprendizagem Florescente.

Pensar em uma aldeia faz todo sentido, pois a cultura não se traduz em salas de descompressão, escorregadores e videogames. Em seu livro *"ReCulturing: Design Your Company Culture to Connect with Strategy and Purpose for Lasting Success"*[1], Melissa Daimler se refere à cultura como a forma como o trabalho acontece entre as pessoas; é sobre toda interação que acontece, toda decisão que é tomada. É sobre o que fazemos e não sobre o que temos. A cultura pode ser intencionalmente impactada de modo a trabalhar em conjunto com a estratégia em benefício de um propósito.

---

1 - *ReCulturing: Design Your Company Culture to Connect with Strategy and Purpose for Lasting Success* - Melissa Daimler - Kindle Edition

Assim como a cultura de uma organização não é um elemento isolado, é necessário compreendermos a Cultura de Aprendizagem como um sistema interconectado no qual comportamentos, processos e práticas precisam se relacionar de maneira alinhada à estratégia e ao propósito da organização. Por isso, não basta mudar a forma como conduzimos uma das etapas do Ciclo de Experiências de Aprendizagem; é preciso promover uma transformação sistêmica.

Como consultores de performance e semeadores desta cultura, precisamos de uma rede de apoio que atue como catalisador da construção desejada; esta rede de apoio é a liderança, uma vez que as suas ações podem moldar o sucesso ou o fracasso das iniciativas propostas. Por essa razão, tenho reforçado o engajamento dos *stakeholders* como um fator crítico de sucesso para que sejamos capazes de promover a melhoria da performance das pessoas.

As iniciativas que venho denominando como "ações transversais" não podem ser ações isoladas e sim um esforço contínuo de desenvolvimento e adaptação, dependendo de uma abordagem integrada à estratégia da organização. O alinhamento entre estratégia e cultura se conecta ao propósito, criando condições para inspirar os colaboradores a aprender de maneira contínua, uma vez que percebem o ambiente como favorável para se desenvolver.

O olhar sistêmico proposto no capítulo 3 será necessário no cultivo da Cultura de Aprendizagem Florescente para a identificação de lacunas entre a cultura, estratégia, valores, comportamentos e processos. A análise dessas lacunas e suas causas subjacentes é essencial para o fomento de uma cultura mais coesa e eficaz.

Para isso, precisamos do pensamento holístico, considerando a interdependência entre todos os elementos. Uma vez que uma Cultura de Aprendizagem Florescente não se impõe de cima para baixo, mas se constrói colaborativamente, como numa aldeia, onde as relações humanas e a conexão promovem o bem-estar coletivo e reconhecem a interdependência deste sistema.

## CONEXÃO COMO SUPERPOTÊNCIA E CULTURA DE APRENDIZAGEM FLORESCENTE

Migrar de um modelo de educação corporativa convencional para uma Cultura de Aprendizagem Florescente passa pelo reconhecimento da conexão como uma superpotência. No livro *"Connection Culture"*[2], Michael Lee Stallard define a conexão como uma superpotência, essencial para a produtividade, felicidade e inteligência dos indivíduos. Uma cultura que prioriza a aprendizagem precisa, necessariamente, fomentar conexões significativas entre os indivíduos.

- **Compartilhamento de conhecimento:** a conexão facilita o compartilhamento de conhecimento e experiências, o que é fundamental para a aprendizagem contínua. Ambientes de trabalho conectados incentivam a colaboração, o aprendizado mútuo e a troca de melhores práticas. Esta abordagem pode ser facilitada por meio da criação de comunidades de aprendizagem.

- **Suporte e *feedback*:** a conexão proporciona suporte social e emocional, vital para lidar com o estresse, desafios e frustrações inerentes ao processo de aprendizagem. O *feedback* construtivo, tão importante para o desenvolvimento, flui mais facilmente em ambientes de conexão.

- **Sentimento de pertencimento:** uma forte cultura de conexão contribui para um sentimento de pertencimento e comunidade, criando um ambiente mais inclusivo e acolhedor para todos os colaboradores. Isso torna a aprendizagem uma experiência mais agradável e motivadora.

## O PAPEL DA LIDERANÇA E AMBIENTE FAVORÁVEL À TRANSFERÊNCIA

A liderança é um fator determinante na formação de uma Cultura de Aprendizagem Florescente. As ações da liderança são fundamentais na criação de um ambiente que prioriza a aprendizagem e facilita a transferência. Tais ações transcendem a execução do que foi planejado

---

2 - Stallard, Michael Lee . *Connection Culture, 2nd Edition: The Competitive Advantage of Shared Identity, Empathy, and Understanding at Work*. Kindle Edition.

no *design* de uma Experiência de Aprendizagem Transformadora; por isso, o consultor de performance precisa agir constantemente no preparo dos líderes.

- **Modelagem de comportamentos:** a liderança deve modelar os comportamentos desejados, demonstrando a importância da conexão e da aprendizagem em suas ações diárias. Será necessário ajudar os líderes a desenvolver novos hábitos e atuar como protagonistas de seu próprio aprendizado, agindo como *lifelong learners* e aprendizes autodirigidos.

- **Criação de ambientes favoráveis à conexão:** líderes precisam criar ambientes de trabalho que promovam a interação, a comunicação aberta e o compartilhamento de ideias. Consultores de performance podem atuar na criação de rituais, espaços físicos e plataformas digitais para facilitar a colaboração e a troca de conhecimento.

- **Incentivo à aprendizagem contínua:** líderes devem incentivar e apoiar a aprendizagem contínua, oferecendo recursos, tempo e oportunidades para o desenvolvimento profissional. Isso demonstra um compromisso genuíno com a aprendizagem como valor central da organização. O desenvolvimento de líderes deve contribuir para que desenvolvam essa habilidade.

- **Facilitação da transferência:** um ambiente de alta conexão facilita a transferência da aprendizagem para a prática. Quando os colaboradores se sentem conectados e apoiados, eles são mais propensos a aplicar o que aprenderam no seu trabalho diário.

## AÇÕES TRANSVERSAIS JUNTO AOS LÍDERES QUE FAVORECEM O CULTIVO DE UMA CULTURA DE APRENDIZAGEM FLORESCENTE

As ações transversais necessárias para cultivar uma Cultura de Aprendizagem Florescente e facilitar a transferência são multifacetadas e interdependentes, exigindo ações coordenadas pelo Consultor de Performance em diversas frentes:

- **Comunicação e transparência:** fomentar uma comunicação transparente e aberta entre todos os *stakeholders* é crucial. A informação precisa circular livremente e todos precisam ter acesso à mesma informação.

- **Formação e desenvolvimento:** investir na formação e no desenvolvimento dos líderes e colaboradores, equipando-os com as habilidades e o conhecimento necessários para promover uma cultura de conexão e aprendizagem.

- **Reconhecimento e recompensa:** reconhecer e recompensar os esforços dos colaboradores que demonstram comportamentos alinhados à cultura desejada.

- **Gestão de relacionamentos:** implementar estratégias para fortalecer os relacionamentos interpessoais dentro da organização, utilizando ferramentas como mentoria, grupos de trabalho e eventos de integração.

- *Feedback* **e avaliação:** estimular um sistema de *feedback* e avaliação que valorize a aprendizagem contínua e o desenvolvimento profissional.

## ECOSSISTEMAS DE APRENDIZAGEM

*Um ecossistema de aprendizagem se define como um sistema composto por pessoas, conteúdo, tecnologia, ambiente e experiências, que se organizam para favorecer o alinhamento da aprendizagem com a cultura e a estratégia, todos interligados e influenciando a aprendizagem, tanto formal quanto informal, para o desenvolvimento das habilidades das pessoas dentro de uma organização.*

Na natureza, um ecossistema é um sistema vibrante e dinâmico, onde diversas espécies coexistem e interagem, formando relações complexas que garantem o equilíbrio e a saúde do ambiente. Da mesma forma, um ecossistema de aprendizagem é análogo a esse conceito natural: ele é composto por múltiplas pessoas e componentes de conteúdo e tecnologia que desempenham funções distintas em variados contextos de aprendizado.

Assim como um ecossistema na natureza pode florescer, enfrentar desafios ou entrar em declínio, um ecossistema de aprendizagem também pode se mostrar saudável ou ameaçado, autossustentável ou vulnerável, dependendo de como suas partes interagem e são nutridas.

O cultivo de Culturas de Aprendizagem Florescentes está intrinsicamente ligado à compreensão deste ecossistema, onde cada elemento desempenha um papel crucial e suas interações determinam a saúde geral do ambiente de aprendizado. Adotar uma abordagem mais holística permite que percebamos como pequenas mudanças podem ter grandes impactos. Uma definição clara de cada um desses elementos e suas interações é o primeiro passo para otimizar o potencial de aprendizagem.

## Componentes do ecossistema

**Pessoas:** em seus diferentes papéis, são fontes primordiais de conhecimento e aprendizado. As pessoas possibilitam uma rede rica de interações e podem atuar como produtores, consumidores ou mediadores de conteúdo. Este componente inclui instrutores formais, colegas e especialistas, profissionais de aprendizagem e RH, líderes e *stakeholders*, além de influências externas como nosso *networking* e especialistas.

**Conteúdo:** abrange tanto os cursos e formações formais quanto os materiais produzidos, compartilhados e acessados tanto de maneira formal quanto informal, intencional e espontânea. Quando produzidos de maneira intencional, devem assegurar os princípios do *design* que abordei com você no capítulo anterior.

**Tecnologia:** atua como um facilitador, proporcionando recursos de aprendizagem e possibilitando novas formas de interação e colaboração.

**Ambiente:** espaços pensados para favorecer a construção compartilhada, a solução de problemas reais e a troca, priorizando a autonomia, a experiência e a ação.

**Experiência:** intervenção elaborada de maneira intencional, com foco em quem aprende e na performance dessas pessoas, podendo ser formal ou informal.

A integração desses elementos deve favorecer o alinhamento entre a Cultura de Aprendizagem e a estratégia do negócio, de modo a atender o propósito da organização, e consequentemente impactar os resultados.

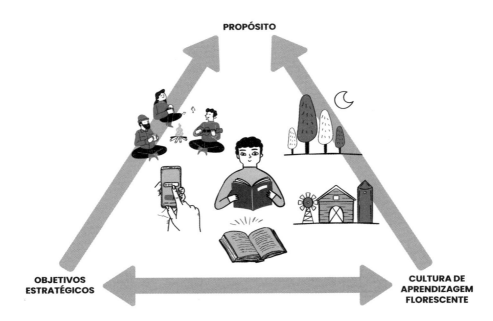

**Figura 18:** Integração dos componentes do Ecossistema de Aprendizagem para alinhar a Cultura de Aprendizagem Florescente aos objetivos estratégicos e ao propósito organizacional

Ao integrar esses elementos de maneira coesa, as organizações podem cultivar uma Cultura de Aprendizagem Florescente, onde as interações são maximizadas e o aprendizado é contínuo e dinâmico. Simples ajustes na gestão desses elementos podem resultar em um ecossistema vibrante que promove a inovação e o desenvolvimento contínuo.

Quando os líderes dão suporte a iniciativas de aprendizagem e incentivam a troca de conhecimento em todos os níveis, criam um ambiente onde os desafios são vistos como oportunidades de aprendizado. Isso não só melhora a eficácia das iniciativas de aprendizagem, mas também nutre um compromisso mais profundo dos colaboradores com seu próprio desenvolvimento e com os objetivos estratégicos.

Portanto, aproveitar os componentes do ecossistema de aprendizagem que já estão estabelecidos em modelos de Educação Corporativa convencionais não é apenas uma estratégia educacional; é uma forma de transformar o modelo atual em um sistema onde a aprendizagem se torna uma parte integral do trabalho diário, resultando em organizações mais adaptáveis e preparadas para enfrentar as demandas do futuro.

Este capítulo abordou os aspectos necessários para o cultivo de uma Cultura de Aprendizagem Florescente de maneira intencional. No próximo capítulo, abordaremos o Mapeamento do Nível de Maturidade da Cultura de Aprendizagem de sua organização para que você possa promover as mudanças necessárias para o alcance de seus objetivos.

# SEU ESPAÇO

**REFLEXÕES**

**POR ONDE COMEÇAR?**

**QUEM ENVOLVER?**

**QUE RECURSOS SÃO NECESSÁRIOS?**

*"Havendo um jardineiro, mais cedo ou mais tarde um jardim aparecerá."*

(Rubem Alves)

CAP. 8

# Fundamentos para Nutrir uma Cultura de Aprendizagem Florescente

# WHAT'S IN IT FOR ME?
## (WIIFM)

Este capítulo fornece a você uma visão clara dos fundamentos necessários para nutrir uma Cultura de Aprendizagem Florescente, equipando-o com conhecimento e segurança para se tornar agente de transformação e implementar as mudanças propostas no livro.

**Ideias centrais:**

- O jardineiro e o jardim;
- Conceitos-chave e responsabilidade compartilhada;
- Empoderamento para transformação.

Imagine um jardim exuberante, onde cada planta cresce forte e saudável, contribuindo para a beleza e a vitalidade do todo. Essa é a imagem que melhor representa uma Cultura de Aprendizagem Florescente, um ambiente onde o conhecimento se propaga livremente, a inovação é incentivada e o desenvolvimento individual impulsiona o sucesso da organização. Mas, como em qualquer jardim, o cultivo dessa cultura requer cuidado, atenção e um profundo entendimento dos seus fundamentos.

O Consultor de Performance será o jardineiro, mas ele não estará sozinho uma vez que a responsabilidade pela aprendizagem é compartilhada. Trouxe Rubem Alves para este capítulo pois ele foi um grande pensador brasileiro que acreditava que o objetivo da educação era ativar a curiosidade do estudante, e não apenas ensinar conteúdos. No texto que destaco a seguir, Rubem reflete sobre a importância dos sonhos e da educação.

---

*"O que é que se encontra no início? O jardim ou o jardineiro? É o jardineiro. Havendo um jardineiro, mais cedo ou mais tarde um jardim aparecerá. Mas, havendo um jardim sem jardineiro, mais cedo ou mais tarde ele desaparecerá. O que é um jardineiro? Uma pessoa cujos sonhos estão cheios de jardins. O que faz um jardim são os sonhos do jardineiro."*

---

O texto foi extraído do livro *"Entre a Ciência e a Sapiência"*[1] que não por acaso se conecta com *"The art and Science of Training"*, de Elaine Biech no qual ela afirma que embora o desenvolvimento de estratégias deva ser baseado em ciência e pesquisa, saber quando e com quem utilizar cada ferramenta é a combinação entre arte e ciência. Inspire-se neste texto para seguir firme no propósito de protagonizar a transformação necessária na Educação Corporativa pois sem a sua atuação a Cultura de Aprendizagem não florescerá.

Os conceitos que abordamos até aqui abastecem o nosso "carrinho de jardinagem" para que estejamos equipados para ir a campo com conhecimento e segurança para fazer o plantio.

---

1 - *Entre a ciência e a sapiência: O dilema da educação.* Rubem Alves - 1999 - Editora Loyola.

## ORGANIZANDO CONCEITOS

Nos capítulos anteriores abordei conceitos que são essenciais para o cultivo de uma Cultura de Aprendizagem Florescente conectando cada um deles com os temas tratados e a prática do Consultor de Performance. A seguir reúno o entendimento desta obra sobre os principais conceitos para que você os tenha à mão em um único lugar.

### Aprendizagem

Consiste na mudança de comportamento de maneira duradoura como resultado de uma experiência de aprendizagem intencional, resultando em uma performance melhor.

### Treinamento

Intervenção de aprendizagem intencional com objetivo de criar uma mudança consistentemente reproduzida por quem é treinado, sem variação.

### Instrução

Intervenção de aprendizagem intencional que ajuda o aprendiz a generalizar além das especificidades, atuar reflexivamente e adaptar o aprendizado a um novo conjunto de condições.

### Formação

É uma intervenção de aprendizagem intencional com o propósito de construir modelos mentais e gerar valores que se combina com uma variedade de experiências de vida produzindo mudanças de comportamento duradouras.

### Experiência de aprendizagem completa

É uma intervenção de aprendizagem intencional que contempla as 4 fases de aprendizagem para os aprendizes e demais *stakeholders* com o objetivo de promover a melhoria da performance das pessoas.

## Experiência de aprendizagem transformadora

Uma experiência de aprendizagem é transformadora quando é completa e conecta intencionalmente aquilo que se vai aprender à realidade das pessoas, promovendo a mudança de comportamento e, consequentemente, melhorando a performance dessas pessoas como resultado desse aprendizado.

## Design de experiências de aprendizagem transformadoras

Organização sistematizada, encadeada e intencional de conteúdos, com a utilização de metodologias ou estratégias de aprendizagem adequadas a cada tipo de conhecimento, conectadas ao objetivo de aprendizagem e com o engajamento dos *stakeholders* em ambientes formais ou informais, de modo a estimular e facilitar as quatro fases do processo de aprendizagem em diferentes contextos e promover a mudança de conduta com relação à performance, atitudes e comportamentos.

## Educação corporativa

Educação Corporativa é a área responsável pela implementação e gestão de processos de aprendizagem e desenvolvimento pessoal e profissional dentro das empresas e instituições podendo ter diferentes estruturas e denominações.

## Universidade corporativa

Sistema de desenvolvimento de pessoas pautado pela gestão por competências de maneira alinhada aos outros subsistemas de RH. A missão da Universidade Corporativa é "formar e desenvolver os talentos na gestão dos negócios, promovendo a gestão do conhecimento organizacional (geração, assimilação, difusão e aplicação), por meio de um processo de aprendizagem ativa e contínua".

## Ciclo de experiências de aprendizagem

O caminho a percorrer para contribuir efetivamente com a prontidão da força de trabalho, oferecendo aprendizagem como solução quando esta for a melhor opção para o *upskilling* ou *reskilling*.

## Sistemas de design instrucional

Abordagem sistemática para analisar, desenhar, desenvolver, implementar e avaliar qualquer experiência de aprendizagem.

## *Stakeholders* em iniciativas de aprendizagem corporativa

São indivíduos ou grupos que podem ser afetados ou afetar um programa de treinamento, desenvolvimento ou educação corporativa, ou que possuem um forte interesse nele por razões além do impacto direto (estratégico, de desempenho, etc.).

## Ecossistema de aprendizagem

Sistema composto por pessoas, conteúdo, tecnologia, ambiente e experiências, que se organizam para favorecer o alinhamento da aprendizagem com a cultura e a estratégia, todos interligados e influenciando a aprendizagem, tanto formal quanto informal, para o desenvolvimento das habilidades das pessoas dentro de uma organização de modo a contribuir para o florescimento de atitudes voltadas para a aprendizagem contínua em todos os níveis da organização.

## Cultura de aprendizagem florescente

Sistema interconectado no qual comportamentos, processos e práticas se relacionam de maneira alinhada à estratégia e ao propósito da organização, criando um ambiente no qual todos se responsabilizam pela aprendizagem, promovendo e valorizando intencionalmente a aprendizagem contínua, o compartilhamento de conhecimento e a experimentação como estímulo para o desenvolvimento pessoal e profissional. Neste ambiente, a aprendizagem é vista como um processo contínuo e integrado às atividades do dia a dia.

## Consultor de performance

Profissional responsável por trabalhar em parceria com as lideranças e *stakeholders*, escaneando o ambiente em busca da identificação de habilidades essenciais que precisam ser desenvolvidas para a competitividade e a sustentabilidade dos negócios, garantindo a implementação de Experiências de Aprendizagem Transformadoras conectadas à melhoria da performance dos profissionais e aos objetivos estratégicos do negócio.

## Habilidades do consultor de performance

São as habilidades necessárias para atuar como parceiro estratégico do negócio, tornando-se peça-chave para a transformação e garantindo que a aprendizagem seja um investimento estratégico para o sucesso do negócio. Estas habilidades se dividem em quatro grupos:

- **Interlocução**
- **Consultoria e Aconselhamento**
- **Gestão da Mudança**
- **Letramento Digital**

# PILARES DA CULTURA DE APRENDIZAGEM FLORESCENTE

A transição de modelos de educação corporativa convencionais para uma Cultura de Aprendizagem Florescente exige um profundo entendimento dos pilares que sustentam essa nova abordagem. Esses pilares, que englobam conceitos fundamentais como aprendizagem intencional e *design* de experiências transformadoras, são essenciais para criar um ambiente que fomente a troca de conhecimentos e a inovação.

Assim como um jardineiro cultiva cada planta em seu jardim, o Consultor de Performance desempenha um papel crucial nesse processo, utilizando suas habilidades de interlocução, consultoria, gestão da mudança e letramento digital para fortalecer cada um desses pilares. A compreensão e o fortalecimento dos pilares não apenas enriquecem a experiência de aprendizagem, mas também garantem que a organização esteja preparada para enfrentar os desafios do futuro.

## Reconhecimento de influenciadores de performance

Aprendizagem não é solução para tudo e diagnósticos profundos são necessários para a identificação daquilo que impacta o desempenho das pessoas.

## Aprendizagem conectada à performance

As Experiências de Aprendizagem oferecidas abordam conhecimentos e habilidades que se transferem para a prática, em forma de performance melhorada, impactando os objetivos do negócio de maneira alinhada à cultura e valores organizacionais.

## Segurança psicológica

Existe segurança psicológica para que as pessoas aprendam com seus erros sem receio de exposição e recebem *feedbacks* periódicos sobre seu desenvolvimento.

## Aprendizagem é guarda compartilhada

Aprendizagem é responsabilidade compartilhada e permeia todos os níveis hierárquicos e áreas de trabalho. A responsabilidade é de todos os envolvidos.

## Aprendizagem formal e informal

As experiências de aprendizagem oferecidas não se limitam a aprendizagem formal. Oportunidades de aprendizagem informal são criadas intencionalmente pela organização

## Aprendizes ao longo da vida e autodirigidos

As pessoas se comportam como *lifelong learners* e aprendizes autodirigidos, agindo com intencionalidade em seu aprendizado.

> *Promover a transição de modelos de Aprendizagem Corporativa convencionais para Culturas de Aprendizagem Florescentes é uma tarefa contínua, de cultivo e cuidado, que exige planejamento, consciência e intencionalidade.*

Construir um mapa que nos guie na direção certa, demanda clareza sobre a nossa posição atual e sobre o destino ao qual queremos chegar. O próximo capítulo vai oferecer a você os recursos necessários para desenhar este mapa e priorizar as ações a partir da análise dos processos que são praticados em sua organização.

# SEU ESPAÇO

**REFLEXÕES**

**POR ONDE COMEÇAR?**

**QUEM ENVOLVER?**

**QUE RECURSOS SÃO NECESSÁRIOS?**

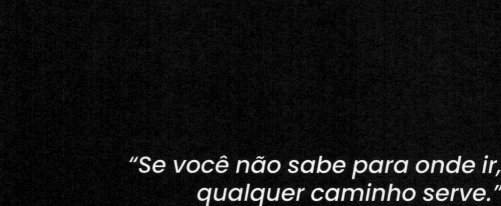

"Se você não sabe para onde ir, qualquer caminho serve."

CAP. 9

# Mapeamento do Nível de Maturidade da Cultura de Aprendizagem

# WHAT'S IN IT FOR ME?
## (WIIFM)

Neste capítulo você conhecerá o Mapeamento do Nível de Maturidade da Cultura de Aprendizagem, um *framework* prático para o diagnóstico baseado em dados para orientar a tomada de decisão e priorização de ações para promover a transformação de modelos de Educação Corporativa convencionais em Culturas de Aprendizagem Florescentes.

**Ideias centrais:**

- Etapas e critérios do mapeamento;
- Classificação do nível de maturidade;
- Tabulação, análise e apresentação de dados;
- Priorização e recomendações.

Ao longo desta jornada, explorei com você a necessidade de transformar a Educação Corporativa, preparando os profissionais de T&D, Aprendizagem e RH para atuar como Consultores de Performance e desvendando o Ciclo de Experiências de Aprendizagem.

Vimos como a análise aprofundada das necessidades, o *design* intencional, a implementação flexível e a avaliação focada em resultados são cruciais para criar experiências que realmente impactam o negócio. Agora, daremos um passo além, mergulhando no **Mapeamento do Nível de Maturidade da Cultura de Aprendizagem** da sua organização.

Prepare-se para **engajar todos os envolvidos**, obter clareza sobre os processos, diagnosticar a percepção do público e *stakeholders*, direcionar decisões com dados concretos e identificar oportunidades para impactar positivamente a aprendizagem e a performance. Este capítulo é um guia prático para você, que valoriza o desenvolvimento humano como estratégia para a competitividade, que busca aumentar o engajamento nos programas, promover a transferência para a prática e que sofre com a ausência de resultados tangíveis.

## NÍVEL DE MATURIDADE DA CULTURA DE APRENDIZAGEM

O nível de maturidade da cultura de aprendizagem de uma empresa se mostra por meio do quanto ela é capaz de priorizar a aprendizagem, realizando práticas formais e informais que são recomendadas para o fortalecimento desta cultura de aprendizagem e entrega de experiências que se transformam em performance melhorada de maneira alinhada aos objetivos do negócio.

## O QUE É MAPEAMENTO DO NÍVEL DE MATURIDADE DA CULTURA DE APRENDIZAGEM

O Mapeamento do Nível de Maturidade da Cultura de Aprendizagem é um processo **estruturado e intencional** que visa fomentar e fortalecer a cultura de aprendizagem de uma organização. Através da identificação do nível de maturidade das práticas existentes, combinando diversas técnicas de coleta de dados. O mapeamento oferece uma análise detalhada que permite recomendar oportunidades de melhoria e ações pontuais para a migração de modelos tradicionais de Educação Corporativa para Culturas de Aprendizagem Florescentes.

Este processo considera cada etapa do Ciclo de Experiências de Aprendizagem (análise, *design*, implementação e avaliação) e as quatro fases da aprendizagem, com o objetivo de favorecer o *upskilling*, *reskilling* e a prontidão da força de trabalho, alinhando a aprendizagem aos objetivos do negócio. O mapeamento não é apenas um diagnóstico, mas sim um **catalisador para a transformação**.

## Objetivos do Mapeamento

Gosto de pensar no processo de mapeamento como um grande mosaico que conecta elementos diferentes e que se combinam oferecendo uma visão compartilhada do funcionamento da aprendizagem na organização. Por isso os objetivos macro são:

- Identificar o nível de maturidade das práticas existentes na sua organização, utilizando diferentes técnicas de coletas de dados para análise e avaliação de informações de forma detalhada.
- Recomendar oportunidades de melhoria e ações pontuais para fortalecimento da Cultura de Aprendizagem, considerando cada etapa do Ciclo de Experiências de Aprendizagem.

Ao identificar o nível de maturidade das práticas existentes, você terá em mãos um panorama completo da sua realidade. Isso permitirá não apenas identificar oportunidades de melhoria, mas também recomendar ações pontuais, com base em dados, para **migrar de modelos tradicionais para Culturas de Aprendizagem Florescentes**, considerando cada etapa do ciclo e as quatro fases da aprendizagem.

Para chegar neste ponto, é necessário compreender a conexão entre as etapas do Ciclo de Experiências de Aprendizagem e os pilares que foram apresentados no capítulo anterior, uma vez que os pilares dão sustentação para a cultura que está presente na forma como as pessoas conduzem os processos de cada etapa do ciclo.

**Figura 19:** Conexão entre os Pilares da Cultura de Aprendizagem e Etapas do Ciclo de Experiências de Aprendizagem

## Benefícios do Mapeamento

- Engajamento de todos os envolvidos com aprendizagem na organização (aprendizagem é guarda compartilhada);

- Clareza sobre os processos e esforços investidos em cada fase do Ciclo de Experiências de Aprendizagem;

- Diagnóstico com a percepção do público e *stakeholders* sobre as práticas de aprendizagem existentes;

- Dados que permitem o direcionamento e tomadas de decisão sobre os processos de aprendizagem, de modo que as ações realizadas se conectem aos objetivos da organização;

- Identificação de oportunidades para impactar positivamente a aprendizagem e melhoria de performance de maneira alinhada aos objetivos do negócio.

## Metodologia

O Mapeamento do Nível de Maturidade da Cultura de Aprendizagem de uma organização utiliza um conjunto de perguntas norteadoras e critérios baseados em sistemas de *design* instrucional, processos psicológicos de aprendizagem, andragogia, heutagogia, aprendizagem autodirigida e contexto atual, para identificar o quanto a empresa analisada é capaz de priorizar a aprendizagem, realizando práticas formais e informais que são recomendadas para o fortalecimento desta cultura de aprendizagem, entregando experiências que se transformam em performance melhorada de maneira alinhada aos objetivos do negócio.

Para isso o método combina reuniões colaborativas com os atores principais desta cultura com acompanhamento de campo, pesquisas complementares e análise de dados para percorrer cada uma das etapas do Ciclo de Experiências de Aprendizagem.

## Etapas do mapeamento

Sete etapas contribuem para o mergulho estruturado em cada etapa do Ciclo de Experiências de Aprendizagem por meio da combinação de diversas técnicas de coleta de dados. São elas:

MAPEAMENTO DO NÍVEL DE MATURIDADE DA CULTURA DE APRENDIZAGEM ■ 177

1. Alinhamento de expectativas com os *stakeholders* e *sponsors* do projeto. Fazer a transição de modelos convencionais para Culturas de Aprendizagem Florescentes não é uma tarefa solitária. O alinhamento de expectativas contribuirá para o alcance dos objetivos e verificação de sucesso.

2. Coleta e análise de amostra de materiais e conteúdos das trilhas já existentes, bem como plataformas disponíveis para compreensão do seu funcionamento e acessibilidade.

3. Pesquisas complementares junto aos *Stakeholders-Chave*, em parceria com equipes de Aprendizagem e RH para identificar indicadores do negócio.

4. Reuniões colaborativas presenciais e/ou digitais com amostra dos públicos finais e com representantes dos profissionais que realizam os treinamentos (multiplicadores, facilitadores).

5. Visita de campo para acompanhamento de amostra dos colaboradores para observações in loco. Nas visitas a campo, o roteiro de perguntas utilizado busca identificar o ambiente de transferência além de outros aspectos que compõem os pilares da Cultura de Aprendizagem. Itens como estrutura física (recursos), práticas de aprendizagem e acesso a dispositivos são observados além de coletarmos a percepção de todos quanto às trilhas e treinamentos disponíveis.

6. Análise de dados e produção de relatório apresentando o nível de maturidade da Cultura de Aprendizagem no qual constam as observações, resultados da coleta de dados, conclusões e recomendações de ações específicas para o cultivo de uma Cultura de Aprendizagem Florescente.

7. Reunião para apresentação do Relatório de Mapeamento aos *sponsors* e *stakeholders*, demonstrando o nível da maturidade das práticas de Treinamento e Desenvolvimento da Organização.

## Critérios do mapeamento

Os critérios para o mapeamento é baseado em ações relacionadas às etapas do Ciclo de Experiências de Aprendizagem, uma vez que o ciclo indica os caminhos e processos necessários para a construção de soluções de aprendizagem completas e eficazes, focadas nos participantes e em seu desempenho, contribuindo para o alcance dos objetivos organizacionais.

A forma como estes processos acontecem também deve ser verificada, assim como as relações entre os diversos atores e componentes do Ecossistema de Aprendizagem. Cada etapa do Ciclo de Experiências de Aprendizagem será avaliada de acordo com um conjunto de critérios que você confere a seguir e que estão relacionados aos conceitos e fundamentos que você conheceu em nossa trajetória até aqui.

Você vai notar que o número de critérios varia de acordo com cada etapa em função dos processos e fundamentos envolvidos em cada uma delas.

### Critérios da etapa de Análise

1. Existe compreensão de que treinamento não é solução para tudo e, portanto, procura-se identificar os GAPs que foram gerados pela falta de conhecimento e habilidades por meio de diagnóstico que recomenda objetivos de aprendizagem específicos e mensuráveis.

2. Existem planos de ação para a eliminação dos influenciadores que impactam a performance, mas não se relacionam com aprendizagem (falta de recursos, liderança, metas, etc.).

3. Os objetivos da área de Aprendizagem estão alinhados aos objetivos estratégicos da organização.

4. O público e *stakeholders* (inclusive líderes) são envolvidos e participam ativamente na coleta de dados para identificação de necessidades de aprendizagem.

Cada um dos critérios deve ser desdobrado em perguntas norteadoras que serão utilizadas no processo de coleta de dados. As perguntas devem se basear nos princípios e processos envolvidos em cada etapa. Abaixo você encontra alguns exemplos de perguntas norteadoras a serem feitas para os líderes, e que estão vinculadas aos critérios da etapa de Análise:

- Antes de decidir por treinamento, você e sua equipe buscam entender as causas dos problemas, além da falta de conhecimentos e habilidades?

- Você realiza ou participa de diagnósticos para identificar as lacunas de conhecimentos e habilidades dos membros das equipes?

- Você desenvolve planos de ação para desenvolvimento de colaboradores com ações que não estejam relacionadas à realização de treinamentos?

## Critérios da etapa de Design

1. Os objetivos de aprendizagem são claros e mensuráveis.

2. Conhecimentos essenciais são selecionados de acordo com os objetivos estabelecidos

3. Sistemas de *design* instrucional e princípios de aprendizagem de adultos são utilizados no *design* e desenvolvimento.

4. As experiências de aprendizagem são completas (preparação, aprendizado, transferência e realização).

5. As metodologias de aprendizagem são selecionadas de acordo com o tipo de conhecimento (declarativo ou procedimental), conectadas ao objetivo, focadas na performance e centradas em quem aprende, priorizando o protagonismo de quem aprende.

6. *Stakeholders* (público, líderes e especialistas) são envolvidos de modo a assegurar aplicabilidade, relevância e conexão com a prática do que é oferecido.

7. O *design* gráfico contribui com o aprendizado.

8. As plataformas são amigáveis e disponíveis a todos os usuários.

9. A comunicação é clara e facilita o acesso aos cursos disponíveis.

10. Os facilitadores e multiplicadores demonstram competências que facilitam a aprendizagem baseadas nos mesmos princípios do *Design*.

Cada um dos critérios deve ser desdobrado em perguntas norteadoras que serão utilizadas no processo de coleta de dados. As perguntas devem se basear nos princípios e processos envolvidos em cada etapa. Abaixo você encontra alguns exemplos de perguntas norteadoras a serem feitas para os colaboradores, e que estão vinculadas aos critérios da etapa de *Design*:

- Os objetivos de aprendizagem dos treinamentos são claros e fáceis de entender?
- Os treinamentos que você participa abordam os conhecimentos realmente importantes para você desempenhar melhor sua função?
- A estrutura dos treinamentos considera a sua experiência prévia, relevância dos conteúdos, autonomia e uso imediato?

## Critérios da Etapa de Implementação

1. Os treinamentos são implementados conforme cronograma e abrangem todos os níveis de colaboradores.
2. Recursos, como materiais e tecnologia (incluindo plataformas), estão disponíveis para todos e são amigáveis.
3. Os participantes são convidados com antecedência para os treinamentos, participam sem interrupção, têm tempo para se dedicar ao estudo, recebem suporte e os treinamentos são monitorados (logística).
4. *Stakeholders* são preparados e envolvidos na implementação de modo a facilitar a participação dos colaboradores.
5. Os instrutores estão capacitados em facilitação de aprendizagem.
6. É oferecido suporte ao aprendizado de forma a assegurar a transferência dos aprendizados para a prática, com envolvimento dos *stakeholders*.
7. As instalações e equipamentos disponíveis contribuem para o ambiente favorável de aprendizagem.
8. A aprendizagem informal é uma prática transversal e acontece com suporte de espaços intencionais a exemplo de comunidades com ou sem uso de tecnologia.

9. A logística monitora e disponibiliza o acompanhamento do progresso de aprendizagem acionando colaboradores e líderes quando necessário de modo a assegurar o aprendizado.

Cada um dos critérios deve ser desdobrado em perguntas norteadoras que serão utilizadas no processo de coleta de dados. As perguntas devem se basear nos princípios e processos envolvidos em cada etapa. Abaixo você encontra alguns exemplos de perguntas norteadoras a serem feitas para os colaboradores, e que estão vinculadas aos critérios da etapa de Implementação:

- Os materiais didáticos e tecnologia (incluindo plataformas) são amigáveis, adequados e de fácil utilização por todos?
- Você é convidado para treinamentos com antecedência, tem condições de participar sem interrupções, tempo para se dedicar e recebe suporte?
- Seu gestor se planeja e se envolve na implementação dos treinamentos, facilitando sua participação?
- A empresa incentiva e promove intencionalmente a aprendizagem informal em todos os níveis, com suporte, como grupos de discussões?

## Critérios da Etapa de Avaliação

1. A reação dos participantes é avaliada após os treinamentos.
2. O aprendizado dos participantes é avaliado durante e após os treinamentos.
3. Os KPIs estabelecidos na etapa de análise são avaliados após os treinamentos.
4. A transferência/aplicabilidade dos aprendizados é avaliada após os treinamentos de maneira periódica.
5. Os resultados do negócio são avaliados periodicamente a fim de identificar a correlação entre a melhoria de performance e impacto da aprendizagem no negócio, inclusive os financeiros.

**6.** Os treinamentos são analisados, revisados e atualizados em processo de melhoria contínua.

**7.** *Stakeholders* são envolvidos no processo de avaliação de resultados.

**8.** Os resultados das ações de aprendizagem são apresentados ao Board demonstrando a conexão entre o desenvolvimento de habilidades e os resultados do negócio.

Cada um dos critérios deve ser desdobrado em perguntas norteadoras que serão utilizadas no processo de coleta de dados. As perguntas devem se basear nos princípios e processos envolvidos em cada etapa. Abaixo você encontra alguns exemplos de perguntas norteadoras a serem feitas para os líderes, e que estão vinculadas aos critérios da etapa de Avaliação:

- A transferência/aplicabilidade dos aprendizados é avaliada após os treinamentos de maneira periódica?

- Os resultados do negócio (inclusive financeiros) são analisados regularmente para identificar a correlação com a melhoria de desempenho?

- Os resultados das ações de aprendizagem são apresentados à alta liderança, demonstrando a conexão com os resultados do negócio?

As perguntas norteadoras colocadas aqui como perguntas fechadas devem vir acompanhadas de perguntas investigativas para aprofundamento da compreensão durante a coleta de dados. É importante destacar que, para um mapeamento preciso, você deve elaborar um conjunto de perguntas de cada critério para cada grupo de *stakeholders* (colaboradores, líderes, profissionais de aprendizagem, etc.).

Coloquei para você exemplos de perguntas norteadoras para ilustrar o que deve ser investigado. Estas perguntas não esgotam as possibilidades e não contemplam todos os públicos de cada etapa.

## Técnicas de coletas de dados

No capítulo 6 apresentei a você as principais técnicas de coleta de dados. No Mapeamento do Nível de Maturidade da Cultura de

Aprendizagem você deve combinar diversas técnicas. Listo a seguir a combinação mínima para que você tenha sucesso em seu mapeamento.

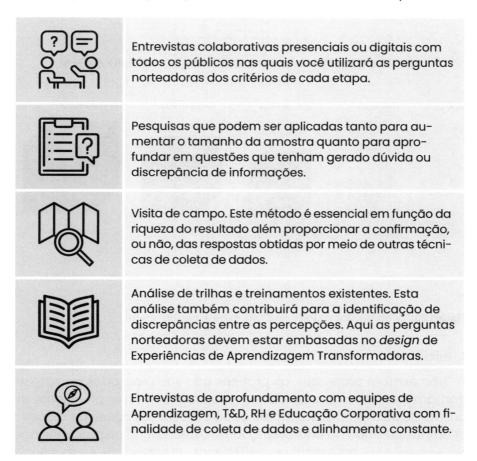

## Classificação no Nível de Maturidade

Uma vez que o nível de maturidade se mostra por meio da capacidade de uma empresa de priorizar a aprendizagem e que isso se verifica por meio das práticas formais e informais que são recomendadas para cada etapa do Ciclo de Experiências de Aprendizagem, é necessário termos uma escala para a classificação desses níveis.

Esta escala varia de iniciante a referência e o resultado é obtido por meio da tabulação e cruzamento de dados provenientes das diversas técnicas de coleta utilizadas durante o mapeamento.

**Figura 20:** Níveis de Maturidade da Cultura de Aprendizagem

## 1. Iniciante

Não existem processos, as práticas não são realizadas ou são extremamente raras. Quando ocorrem, são reativas e sem planejamento prévio. Cada membro da equipe pode executar as ações de maneira diferente, pois não há padronização, documentação ou predefinições. Nesse nível, o sucesso geralmente depende da habilidade e experiência de colaboradores individuais.

## 2. Básico

As práticas são esporádicas e não seguem uma estrutura definida. Ocorrem de forma irregular e sem alinhamento estratégico. Existem processos, mas eles são informais, específicos de uma área e nem todos estão cientes de como a prática deve ser executada.

## 3. Intermediário

Os processos são sistemáticos, acontecem com alguma regularidade, mas ainda podem ser inconsistentes. Existe esforço para seguir os processos definidos, mas a execução não é integrada nas áreas e entre áreas.

## 4. Avançado

Os processos estão estruturados e ocorrem de maneira regular e consistente. As práticas são bem definidas, integradas e alinhadas aos objetivos organizacionais.

## 5. Referência

As práticas não são apenas regulares e consistentes, mas também altamente eficazes e continuamente melhoradas. O aprendizado é uma prioridade, faz parte do dia a dia e acontece de forma contínua e intencional.

## Tabulação, análise, apresentação de dados e priorização de recomendações

Após a coleta minuciosa de dados e a análise criteriosa de cada etapa do Ciclo de Aprendizagem, a **tabulação e o cruzamento dos resultados** emergem como etapas cruciais para transformar informações brutas em *insights* acionáveis.

A tabulação organiza os dados de forma sistemática, permitindo a visualização clara das práticas de aprendizagem em cada área da organização. O cruzamento de resultados, por sua vez, revela as interconexões entre diferentes etapas do ciclo, identificando padrões e tendências que seriam invisíveis em análises isoladas.

A **apresentação das discrepâncias encontradas** é o ponto de partida para a transformação. Ao expor as lacunas entre o estado atual e o estado desejado, entre a teoria e a prática, entre as expectativas e a realidade, o relatório de mapeamento se torna um poderoso instrumento de conscientização e engajamento. É nesse momento que a organização se depara com suas oportunidades e desafios, e se prepara para trilhar um novo caminho. As **recomendações** que se seguem, baseadas em dados concretos e em uma compreensão profunda da cultura organizacional, oferecem um roteiro claro e objetivo para a ação. Elas indicam os passos necessários para cultivar uma Cultura de Aprendizagem Florescente, para alinhar as práticas aos objetivos estratégicos e para promover o desenvolvimento contínuo dos colaboradores.

**186** ■ REVOLUÇÃO DA APRENDIZAGEM

A **priorização das ações**, por fim, garante que os esforços sejam direcionados para as áreas de maior impacto, otimizando os recursos e maximizando os resultados. Para ilustrar a importância desse processo, convido você a analisar o exemplo a seguir, que revela uma discrepância na etapa de *Design* e demonstra como as recomendações podem transformar essa fragilidade em uma oportunidade de crescimento. Observe atentamente como a análise dos dados e a identificação das causas raiz da discrepância conduzem a ações específicas e direcionadas, capazes de impulsionar a cultura de aprendizagem da organização.

## Exemplo de empresa hipotética – Etapa de Design

Retomo com você os critérios da etapa de *design* avaliados que deram origem às perguntas norteadoras utilizadas com públicos diversos combinando técnicas de coleta de dados:

1. Os objetivos de aprendizagem são claros e mensuráveis.

2. Conhecimentos essenciais são selecionados de acordo com os objetivos estabelecidos.

3. Sistemas de *design* instrucional e princípios de aprendizagem de adultos são utilizados no *design* e desenvolvimento.

4. As experiências de aprendizagem são completas (preparação, aprendizado, transferência e realização).

5. As metodologias de aprendizagem são selecionadas de acordo com o tipo de conhecimento. (declarativo ou procedimental), conectadas ao objetivo, focadas na performance e centradas em quem aprende, priorizando o protagonismo de quem aprende.

6. *Stakeholders* (público, líderes e especialistas) são envolvidos de modo a assegurar aplicabilidade, relevância e conexão com a prática do que é oferecido.

7. O *design* gráfico contribui com o aprendizado.

8. As plataformas são amigáveis e disponíveis a todos os usuários.

9. A comunicação é clara e facilita o acesso aos cursos disponíveis.

10. Os facilitadores e multiplicadores demonstram competências que facilitam a aprendizagem baseadas nos mesmos princípios do *Design*.

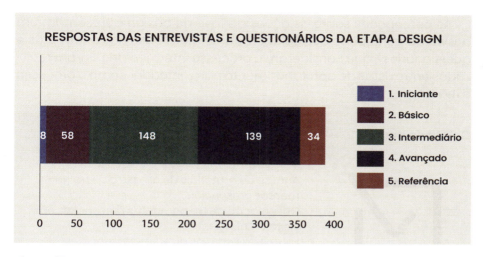

**Figura 21:** Respostas das entrevistas e questionários da etapa Design

## Indicação da Régua de Maturidade pelas entrevistas e questionários

A régua de nível **intermediário** indica que eles são sistemáticos, acontecem com alguma regularidade, mas ainda podem ser inconsistentes.
Existe esforço para seguir os processos definidos, mas a execução não é integrada nas áreas e entre áreas.
Este nível reflete a percepção de **eventualmente** para os critérios da fase.

## Indicação da Régua de Maturidade como conclusão a partir da combinação de técnicas de coletas de dados

A régua de nível **básico** indica que as práticas são esporádicas e não seguem uma estrutura definida. Ocorrem de forma irregular e sem alinhamento estratégico.
Existem processos, mas eles são informais, específicos de uma área e nem todos estão cientes de como a prática deve ser executada.
Este nível reflete a percepção de **raramente** para os critérios da fase.

As percepções sobre as ações da fase de *design* apresentam um desvio da percepção dos colaboradores (com base nas entrevistas e questionários), que consideram o processo intermediário. Foram realizadas entrevistas de aprofundamento para entender como o processo é realizado.

**Coleta de dados:**

- Análise de materiais de amostra de treinamentos presenciais.
- Observação de treinamentos presenciais em visita técnica.
- Entrevistas com os diversos *stakeholders*, incluindo colaboradores.

**Oportunidades de melhoria:**

- Clareza dos Objetivos de Aprendizagem: nem todos os treinamentos possuem objetivos de aprendizagem específicos e mensuráveis, o que dificulta a seleção de conteúdos e metodologias.
- Sistema de *Design* Instrucional: faltam evidências de um sistema de *design* instrucional que garanta a padronização e o alcance dos resultados.
- Formato dos Materiais: excesso de texto em slides, o que pode impactar o engajamento.
- Treinamentos Digitais: existem diretrizes para os especialistas sobre a construção de materiais para os treinamentos, mas nem sempre elas são utilizadas por todos, indicando resistência na adoção da ação.
- Engajamento nos Treinamentos Digitais: colaboradores podem estar concluindo treinamentos mandatórios sem realmente aprender, apenas "clicando" como "lido".
- Experiências de Aprendizagem Incompletas: falta de ações intencionais de preparação, transferência e realização para garantir a aprendizagem efetiva.

- Padronização para Treinamentos Externos: falta de evidência na avaliação do que é construído por consultorias parceiras contratadas externamente.

**Ações recomendadas no relatório de mapeamento:**

- Definir Objetivos de Aprendizagem claros: assegurar que todos os treinamentos tenham objetivos de aprendizagem claros e mensuráveis para guiar a seleção de conteúdo e escolha de metodologias.

- Implementar um Sistema de *Design* Instrucional: adotar um sistema de *design* instrucional que garanta a padronização, a qualidade e o alcance dos resultados de aprendizagem.

- Rever o Formato dos Materiais: reduzir o excesso de texto em slides e utilizar recursos visuais mais engajadores.

- Definir Métodos para Treinamentos Digitais: estabelecer métodos claros e eficazes para a construção de treinamentos digitais.

- Preparo dos especialistas para o *Design*: ações educacionais com o objetivo de alinhar a "forma de fazer" entre aqueles que produzem materiais e rascunhos (especialistas das áreas).

- Aumentar o Engajamento nos Treinamentos Digitais: implementar mecanismos que garantam o aprendizado efetivo nos treinamentos digitais, como avaliações, atividades interativas e *feedbacks*.

- Criar Experiências de Aprendizagem Completas: incluir ações intencionais de preparação, transferência e realização para promover a aprendizagem efetiva, com mais foco no antes e depois do que no próprio evento.

- Padronizar Treinamentos Externos: estabelecer critérios e padrões para avaliar e garantir a excelência em treinamentos desenvolvidos por consultorias e terceiros.

- Aumento da sinergia entre as áreas responsáveis pela Gestão do Desenvolvimento Humano: fortalecer a parceria e colaboração entre as áreas de Aprendizagem e Recursos Humanos é uma estratégia que contribuirá com os resultados da performance das pessoas e da organização.

Como você viu, fazer o Mapeamento do Nível de Maturidade da Cultura de Aprendizagem é um processo bastante detalhado que exige conhecimento profundo de todas as Etapas do Ciclo de Experiências de Aprendizagem. Contudo, a prática das habilidades do Consultor de Performance garantirão o sucesso do processo, que se baseia em dados, colaboração, análise e aconselhamento.

Quando abordei com você a priorização de ações corretivas para as falhas de Educação Corporativa, falei sobre a utilização de uma matriz de priorização de ações. Fiz o mesmo ao falar sobre *stakeholders*. Imagino que você já tenha percebido a importância deste processo. Sugiro que faça o mesmo com as ações recomendadas no mapeamento.

Talvez você esteja com a cabeça cheia de ideias e ao mesmo tempo se perguntando como fazer para implementar o mapeamento ou até mesmo o *design* de uma Experiência de Aprendizagem Transformadora. Por onde começar?

É natural que você se sinta assim, e o risco de paralisarmos em situações onde parece haver muito a ser feito existe e é real. Comece pequeno, escolha um projeto, uma iniciativa, mapeie os *stakeholders*, desenvolva ações transversais, engaje os promotores. Execute e mostre o resultado. A notícia irá se espalhar e a mudança acontecerá gradativamente, estou certa disso!

Neste último capítulo mergulhamos no processo de Mapeamento do Nível de Maturidade da Cultura de Aprendizagem, desvendando suas etapas, critérios e benefícios. Espero que esta jornada tenha lhe proporcionado uma visão clara e abrangente sobre a importância de diagnosticar o nível de maturidade da cultura de aprendizagem de sua organização contribuindo para o seu florescimento.

Meu maior desejo é que a leitura não só deste capítulo, mas deste livro, tenha agregado valor à sua atuação profissional, preparando você para identificar as alavancas para a transformação e implementação de ações que gerem impacto real no desempenho e nos resultados do negócio.

Que você tenha se inspirado a atuar como um Consultor de Performance preparado para cultivar Culturas de Aprendizagem Florescentes, onde o conhecimento se propaga livremente, a inovação é incentivada e o desenvolvimento humano é prioridade.

**Lembre-se**: a jornada da transformação é contínua. Os conhecimentos adquiridos aqui só têm valor se transferidos para a sua prática e, ao fazer isso, você estará contribuindo para a construção de um futuro onde a aprendizagem é vista como uma responsabilidade compartilhada, onde a colaboração floresce e onde cada indivíduo tem a oportunidade de alcançar seu pleno potencial. Que este seja apenas o começo de uma jornada repleta de sucesso e realizações!

# SEU ESPAÇO

**REFLEXÕES**

**POR ONDE COMEÇAR?**

**QUEM ENVOLVER?**

**QUE RECURSOS SÃO NECESSÁRIOS?**

"A teoria sem a prática vira 'verbalismo', assim como a prática sem teoria vira ativismo. No entanto, quando se une a prática com a teoria tem-se a práxis, a ação criadora e modificadora da realidade."

(Paulo Freire)

CAP. 10

# Da Teoria à Prática: Iluminando o Caminho com Exemplos do Mundo Real

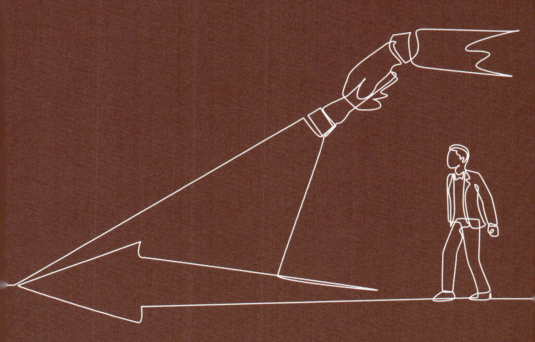

# WHAT'S IN IT FOR ME?
## (WIIFM)

Neste capítulo você vai conhecer dois casos reais que vão estimular a sua prática e contribuir para a identificação de ações compatíveis com o seu contexto.

**Ideias centrais:**

- Criação de espaços para a inovação em educação como espaços de prototipação e promoção da cultura de inovação;
- O impacto da cooperação e abordagem centrada em quem aprende;
- Inteligência artificial como aliada da aprendizagem humana.

Os capítulos anteriores estabeleceram as bases para uma revolução no aprendizado corporativo, explorando as mudanças essenciais em *mindset*, habilidades e estratégias necessárias para cultivar uma cultura de aprendizagem florescente.

Examinamos o papel transformador do Consultor de Performance, as etapas do Ciclo de Experiências de Aprendizagem e a importância de alinhar as iniciativas de aprendizado com os objetivos do negócio. Agora, é hora de construir uma ponte entre teoria e prática, mostrando como esses conceitos podem ganhar vida dentro das organizações.

Nesta seção, quero apresentar a você exemplos reais, cada um oferecendo uma perspectiva única sobre a jornada em direção a uma abordagem mais eficaz e impactante para a educação corporativa. Desejo fazer isso com muito cuidado, pois, se por um lado os exemplos são fonte de informação e aprendizagem sobre boas práticas, por outro lado, eles podem funcionar como limitadores da sua criatividade. Quando criei a metodologia Trahentem® para o *Design* de Aprendizagem com uso de Canvas, desenvolvi um conjunto de cartões para serem utilizados como apoio; contudo, é muito frequente que os usuários fiquem presos aos exemplos dos cartões antes de dedicar tempo para refletir sobre cada componente do Canvas.

Te convido a fazer diferente: analise cada um dos exemplos, inspire-se neles para criar soluções alinhadas à sua realidade e não se prenda às limitações, e sim, inove a partir delas. Reflita sobre cada caso, conectando-os com os temas abordados nos capítulos anteriores. Procure evidências do que foi tratado, identifique as habilidades necessárias para realizar as ações descritas nos casos e avalie se você as tem ou se precisa desenvolvê-las.

O primeiro caso explora a criação do Laboratório de Experiências de Aprendizagem com Metodologias Disruptivas, EXPAMD Lab na Petrobras, um espaço criado para promover a inovação nos processos de aprendizagem e melhorar a eficiência dos serviços existentes. Este exemplo demonstra como um ambiente construído com o propósito de desenvolver Experiências de Aprendizagem de forma ágil pode servir como um catalisador para uma cultura de aprendizagem robusta e dinâmica.

Tive o prazer de conhecer o Delmir Peixoto, um grande especialista à frente desta iniciativa, que trabalha incansavelmente para cultivar espaços nos quais metodologias disruptivas, tecnologia e aprendizagem sejam instrumentos disponíveis para a inovação nos processos de aprendizagem. Participei de alguns eventos e oficinas no EXPAMD Lab que me instigaram a voltar posteriormente para uma visita de *benchmarking* que me permitiu compreender com maior profundidade a estrutura e funcionamento deste espaço inspirador.

Conversar com o Delmir confirmou a necessidade de investirmos o tempo necessário para a construção de ambientes favoráveis para que as pessoas protagonizem o seu aprendizado. A mudança não acontece da noite para o dia, e é preciso coragem e disposição para inovar, uma vez que mudanças sempre requerem investimento de tempo, energia e aprendizado.

O segundo caso aborda o desenvolvimento de um programa Nacional de Capacitação para médicos veterinários e técnicos que trabalham no SVO (Sistema Veterinário Oficial). Este caso é fruto da parceria entre as empresas Corb Science e SG Aprendizagem para entregar valor ao Ministério da Agricultura e Pecuária. Você irá perceber a sinergia e o ganho possibilitados pelo trabalho colaborativo entre especialistas e Consultores de Performance.

Citei a colaboração como item essencial para uma Cultura de Aprendizagem Florescente inúmeras vezes nos capítulos anteriores. Neste segundo caso, quero chamar a sua atenção para a colaboração em dois âmbitos diferentes:

- Entre duas empresas que se unem em um consórcio para agregar valor para o cliente;

- No processo de *design* que envolveu colaboração entre os times das empresas envolvidas e destes com *stakeholders* diversos da empresa cliente, favorecendo a conexão do *design* à realidade de quem vai aprender de maneira intencional.

Faço isso como um convite para que você reflita sobre a importância das conexões humanas e para reforçar que nada supera a força de times que se unem para o alcance de um objetivo comum. Este foi um dos maiores aprendizados durante minha experiência no Caminho de Santiago, se não o maior (mas isso já é assunto suficiente para um novo livro).

Conheci o professor Luis Gustavo Corbellini por meio do meu livro sobre o *Design* de Aprendizagem com uso de Canvas, Trahentem®. Depois da leitura, ele passou a utilizar a metodologia para o *design* de suas aulas, e o resultado obtido com seus alunos foi nos conectando até que ele nos honrou com um convite para trabalharmos juntos neste projeto, que combinou a expertise de nossas empresas por meio das pessoas talentosas, disponíveis e abertas. Você vai conhecer os detalhes por meio do texto escrito pela própria Natália, que geriu o projeto e participou ativamente de cada etapa.

É importante lembrar que esses exemplos têm a intenção de inspirar, e não de serem prescritivos, uma vez que cada organização opera dentro de seu próprio contexto único, e o caminho para uma Cultura de Aprendizagem Florescente também é singular. Encorajo você a se inspirar nesses casos, adaptando e inovando para criar soluções que ressoem com suas necessidades e desafios específicos. Deixe que essas histórias estimulem sua criatividade para construir um ambiente de aprendizagem que libere todo o potencial das pessoas de sua organização.

## CASO EXPAMD LAB – PETROBRAS

### Contexto

A Universidade Corporativa Petrobras conta com uma sólida estrutura, incluindo 14 academias para atender às necessidades de desenvolvimento de competências. Mesmo contando com uma excelente estrutura e dedicando-se a entregar tanto soluções presenciais quanto soluções de educação a distância, alguns desafios comuns à maioria das organizações estavam presentes.

O avanço tecnológico, que impacta diretamente os modelos de negócios e, consequentemente, os processos, foi percebido na Universidade Corporativa por meio da crescente demanda por *upskilling*, *reskilling* e pela necessidade de formação de profissionais para a realização de novas atividades. Esta crescente demanda ampliou a dificuldade para o *design* de soluções inovadoras sob o ponto de vista de processos de aprendizagem, além de gerar desafios para a priorização de recursos para entregas de médio e longo prazo que pudessem escalar novos produtos e serviços.

## O que é O EXPAMD Lab e como ele funciona

O EXPAMD Lab é o "Laboratório de Experiências de Aprendizagem com Metodologias Disruptivas", recurso dedicado, dentro da Universidade Corporativa, criado no início de 2020 e baseado no modelo de Gestão Ambidestra[1]. É um espaço *maker* para criação de experiências de aprendizagem com metodologias e tecnologias disruptivas, para impulsionar a capacidade de aprendizagem nesta era digital.

O Lab é um espaço físico, híbrido, que pode ser acessado presencialmente e de forma remota (incluindo robô de telepresença) para experimentar novas metodologias e tecnologias educacionais. Seu objetivo é identificar e selecionar tecnologias que podem ser escaladas para uso mais amplo, visando aprimorar o desenvolvimento dos profissionais da empresa e concentrando-se na inovação.

Focado na exploração, o Lab utiliza metodologias ágeis, envolvendo a prospecção de tendências de mercado, ideação de aplicações para os treinamentos da Petrobras, prototipagem e teste de novas metodologias e tecnologias. Com base no aprendizado de projetos-piloto, produtos e serviços bem-sucedidos são transferidos para a linha de produção.

O EXPAMD Lab opera com três linhas de ação principais, sendo:

- **Experiências de Aprendizagem Inovadoras:** os profissionais de educação corporativa podem usar o laboratório, com o apoio de uma rede especializada, para ministrar aulas experimentando novas metodologias e tecnologias digitais.

- **Promoção da Cultura de Inovação:** realização de ações (eventos/treinamentos) que promovam uma cultura de inovação na educação corporativa.

- **Projetos de Inovação Educacional:** desenvolvimento de projetos de inovação que tragam novas metodologias e tecnologias educacionais para o portfólio de serviços/produtos da universidade.

O laboratório utiliza metodologias ágeis, desde a prospecção de tendências de mercado até a prototipagem e teste de novas metodologias e tecnologias educacionais, e está estruturado em 4 áreas:

---

1 - Modelo proposto por Charles A. O'Reilly III e Michael L. Tushman (Publicado na Harvard Business Review)

- **Prospecção:** pesquisar e explorar tendências e inovações disruptivas na educação. É um espaço para discussão de tendências, demonstração de produtos e serviços que podem gerar insights de aplicabilidade.

- **Ideação:** conceber experiências de aprendizagem a serem testadas, utilizando metodologias como *Design* Thinking, UX e Metodologias Ativas.

- **Prototipagem:** construir protótipos de conteúdo e experiências de aprendizagem, funcionando como um espaço de criação. O espaço está equipado com mini estúdio de produção audiovisual, câmera para captura 360°, *workstations* para produção de Realidade Virtual, Aumentada e *Virtual Production*, além de óculos para Realidade Virtual e impressora 3D.

- **Experimentação:** testar e avaliar produtos idealizados, como aulas experimentais. É a sala de aula experimental e flexível para a aplicação dos protótipos criados, testar as hipóteses e aprimorar as experiências de aprendizagem.

### Opções que oferece, setores e pessoas atendidas

O Lab oferece uma grande gama de opções, incluindo experiências de aprendizagem inovadoras, promoção de cultura da inovação, projetos de inovação educacional, *workshops* e treinamentos. Os eventos imersivos de alto impacto, com ampla abrangência na companhia, contemplam o desenvolvimento de *Soft Skills* e de SMS (Saúde, Segurança e Meio Ambiente).

Na ocasião da escrita deste caso, 17.579 pessoas já haviam sido atendidas diretamente e 38.000 pessoas de maneira indireta. Com atividades constantes, estes números sofrem alteração a cada nova iniciativa.

### Informações importantes

Os projetos do EXPAMD Lab visam atender a todos os funcionários existentes na empresa; portanto, o público é diversificado, assim como os níveis hierárquicos e cargos. As três linhas de ação principais e a estrutura do Lab favorecem este alcance e o desenvolvimento de soluções que podem ser escaladas. A implementação de ferramentas de interação em tempo real, bem como as ferramentas de colaboração remota, contribui para o aumento de engajamento.

Os novos formatos implementados para soluções educacionais nas trilhas de desenvolvimento são pautados em princípios de *design* sólidos, o que pode ser verificado na possibilidade de apontar para itens de aprendizagem externos à organização e recomendação de práticas de gestão do conhecimento.

Entre os benefícios da criação do EXPAMD Lab, podemos destacar que o laboratório aumentou o acesso a oportunidades de desenvolvimento, agilizou a entrega de soluções educacionais, aumentou o engajamento dos funcionários e melhorou a eficácia das experiências de aprendizagem. Estes benefícios se alinham às dores relatadas pela maioria das empresas quando o assunto é aprendizagem corporativa.

O EXPAMD Lab contribuiu para uma transformação cultural dentro da empresa, promovendo o pensamento criativo e crítico para inovar nos processos de aprendizagem, o que mostra o seu alinhamento às competências apontadas pelo Fórum Econômico Mundial como essenciais para o futuro do trabalho.

**Resultados alcançados em destaque**

Mais de mil profissionais já foram capacitados para a adaptação de cursos presenciais para formatos on-line de maneira síncrona e para a gravação de videoaulas a partir de suas apresentações.

Mais de 600 cursos presenciais foram adaptados para a realização síncrona com utilização do Microsoft Teams, totalizando mais de 50 mil horas de treinamento no primeiro semestre de 2020 (ano de criação do EXPAMD Lab), uma realização maior que a realização presencial no mesmo período de 2019.

Realização de grandes eventos educacionais imersivos com utilização de plataforma de Realidade Virtual com público interno e externo, totalizando mais de 100 mil participações, com obtenção de redução de custos significativa e aumento de público. Um dos casos obteve redução de 76% de custos e 329% de aumento de público. A plataforma alcançou 92,5% na avaliação de favorabilidade.

*Workshops* Híbridos de aprendizagem *on-the-job*: foram realizados 15 *workshops* utilizando os recursos de interação híbrida do Lab. Nesses *workshops*, o laboratório realiza consultoria junto à organização do evento, sugerindo a inserção de novas metodologias e tecnologias em experimentação no Lab. Houve um total de 360 participações e a avaliação de reação de 5 pontos numa escala de 5.

No exato momento em que este livro está indo para impressão, soube que a Universidade Petrobras ganhou o prêmio Global CCU 2025 na categoria Inovação. O EXPAMD Lab teve contribuições de destaque reconhecidas na cerimônia de premiação, como a jornada de adoção da realidade virtual e das estratégias de uso da IA em suas soluções de aprendizagem. Parabéns a todo o time Petrobras!

## O DESENVOLVIMENTO DE UM PROGRAMA NACIONAL DE CAPACITAÇÃO

Um dos aspectos mais interessantes de iniciar um projeto que é facilmente reconhecido como um desafio é perceber que, estaremos diante de uma gama de possibilidades e da oportunidade de resolver problemas de maneira inovadora. Um desafio pode nos colocar diante de um terreno fértil para pensar de forma estratégica e impulsionar transformações reais.

Em contextos de educação corporativa, é justamente nesses cenários que existem oportunidades para que o papel de profissionais de aprendizagem se fortaleça ao traduzir complexidade em caminhos de aprendizagem e gerar valor para a organização por meio do aprimoramento de conhecimentos e habilidades.

O desafio, neste caso, era desenvolver um programa de capacitação continuada para um público estimado em 7.900 profissionais médicos veterinários e técnicos do Serviço Veterinário Oficial (SVO) brasileiro. Um público diverso não apenas em número, mas também em contextos de atuação, reflexo da magnitude geográfica e das realidades regionais do Brasil.

As atribuições desses profissionais são tão variadas quanto os cenários em que atuam. Vão desde atividades administrativas em escritórios até jornadas que podem exigir deslocamentos por carro, barco e outros

# REVOLUÇÃO DA APRENDIZAGEM

meios. Coordenam ações, orientam o público, emitem documentos, executam fiscalizações, manejam animais e, acima de tudo, zelam pela defesa sanitária agropecuária e pela saúde animal — pilares com impacto direto na segurança alimentar e na economia nacional.

Esse é o ponto de partida para entender quem são esses profissionais e os contextos diversos em que atuam. E, para desenvolver o que era necessário, era preciso inovar. Em um mergulho para dentro, levantou-se as informações que traduziam o dia a dia dessas pessoas. Em um entendimento profundo, buscou-se descobrir intencionalmente o caminho a ser trilhado rumo ao aprimoramento de performance.

Quando o tema é inovação, o primeiro pensamento pode ser o futuro, a novidade. Mas também pode significar voltar-se ao que é essencial, ao que é raiz e fundamento. Faz bem olhar para frente e adiante, mas olhar para dentro, com profundidade, é o que permite reconhecer a base que sustenta o todo e, ao mesmo tempo, aponta os próximos passos.

Assim, atravessando cenários que iam dos Pampas à Amazônia, da Caatinga ao Pantanal, da Mata Atlântica ao Cerrado, o desafio de chegar até esses profissionais, distribuídos por todas as unidades federativas do país, começou a se desdobrar em uma jornada de escuta. Esse processo foi materializado em 71 reuniões diagnósticas colaborativas, com 1.324 participantes. Desenvolver um programa que dialogasse com tamanha diversidade exigiu sensibilidade, estratégia e o compromisso com a aprendizagem como instrumento de fortalecimento dessa missão.

## Reuniões colaborativas e as conversas significativas: o início

As 71 reuniões diagnósticas colaborativas foram realizadas de maneira remota e com foco no entendimento das necessidades e da realidade dos profissionais. Por meio delas, foi possível compreender o contexto, as rotinas e as atividades dos públicos-alvo, o que permitiu identificar a performance esperada e as principais lacunas de aprendizagem. Também foram mapeados influenciadores de performance, que orientaram o direcionamento de ações de melhoria complementares ao Programa Nacional de Capacitação do Serviço Veterinário Oficial (PNC-SVO).

Além de levantar dados, essas reuniões realizadas com base no método Trahentem® para *design* de aprendizagem, representaram um espaço de construção de sentido. Entender o cotidiano dos profissionais foi fundamental para garantir que as soluções de aprendizagem fossem fundamentadas no contexto real e tivessem potencial de transferência para a prática. O processo foi construído com a compreensão de que não se promove aprimoramento de performance sem compreender o ambiente em que ele precisa ocorrer.

Durante os encontros, perguntas-chave guiaram o aprofundamento sobre as experiências e percepções dos participantes, como:

- Quais são as tarefas e atividades mais importantes que você realiza em seu trabalho?

- Que comportamentos são esperados de você no exercício dessas atividades?

- De forma geral, o que é esperado em termos de performance?

- O que você vê, sente e pensa sobre o seu trabalho?

- Quais são os principais desafios enfrentados no dia a dia?

- O que você precisa aprender ou aprimorar, em termos de conhecimentos e habilidades, para desempenhar melhor sua função?

Além de construir sentido para os profissionais que estavam com a responsabilidade de desenvolver o PNC-SVO, o envolvimento dos participantes desde o início também foi uma maneira de mostrar que eles estão, de fato, no centro do processo, e que a melhoria de sua performance implica em melhores resultados para o todo.

## Cooperação

Cada aspecto do programa foi concebido com base nas necessidades e perspectivas do público-alvo. Contar com a interdisciplinaridade e, por que não, com a transdisciplinaridade, foi a forma mais genuína de compreender aquelas realidades. Afinal, o mundo e os contextos são, naturalmente, organizados em uma relação simbiótica entre conhecimentos e diferentes áreas do saber.

Para o desenvolvimento desse projeto, as equipes da SG Aprendizagem, especialista em soluções em educação corporativa, e da Corb Science, especializada em epidemiologia veterinária, se uniram. A guarda desse processo foi compartilhada entre profissionais que puderam investir seus conhecimentos em um trabalho de cooperação técnica essencial para o projeto.

Além disso, diversos núcleos do Ministério da Agricultura e Pecuária (MAPA) e dos Serviços Veterinários Estaduais desempenharam papéis estratégicos:

- Pontos focais do MAPA: responsáveis por acompanhar a execução do projeto e atuar como interface entre o MAPA e os Serviços Veterinários Estaduais;

- Pontos focais dos Órgãos Executores de Sanidade Agropecuária: responsáveis por ampliar a capilaridade do programa, promovendo a articulação entre unidades centrais, regionais e locais;

- Equipe da Escola Nacional de Gestão Agropecuária: servidores que acompanharam o desenvolvimento do projeto e realizaram a interlocução entre as equipes de conteúdo e de tecnologia, visando à estruturação do PNC-SVO no ambiente virtual de aprendizagem.

A aprendizagem foi compreendida como um elo estratégico na conexão de esforços coletivos, direcionados a um bem maior: o aprimoramento da performance em prol da saúde animal no cenário nacional.

## Conhecimento técnico veterinário aliado às reuniões colaborativas

Com o objetivo de balizar e aprofundar os relatos obtidos nas reuniões diagnósticas, foi realizada uma revisão de literatura voltada à identificação das competências essenciais aos médicos veterinários do SVO. Essa etapa também incluiu a análise dos programas nacionais de saúde animal vigentes no período, com foco na compreensão das atribuições do SVO e das competências requeridas para o exercício das funções.

Como complemento, foi aplicado um formulário de aprofundamento, respondido por 1.643 profissionais, ampliando a base de dados qualitativos e quantitativos sobre o contexto, os desafios e as necessidades de aprendizagem.

Essas metodologias foram fundamentais para embasar as análises e ofereceram uma visão abrangente das lacunas de aprendizagem no contexto do PNC-SVO. Isso permitiu a proposição de soluções alinhadas à prática profissional e às demandas estratégicas do serviço.

## Inteligência Artificial como aliada da aprendizagem humana

A tecnologia contribuiu com mais agilidade e maior aproximação. Para viabilizar o encontro com mais de mil representantes do público-alvo, plataformas de videoconferência atuaram como salas de encontro virtuais, com uma facilitação centrada nos participantes e na escuta ativa de suas contribuições.

As informações coletadas nas reuniões online, por meio de registros anônimos na plataforma Edupulses[2], foram organizadas com base nos princípios do *Design Thinking* e agrupadas em categorias com o auxílio de ferramentas de inteligência artificial como o ChatGPT 3.5 e Google Bard. Essa organização considerou as principais tarefas desempenhadas pelos profissionais e os fatores que influenciam sua performance. Em seguida, os dados foram ajustados e analisados para gerar conclusões e recomendações relevantes. Além de contribuir para a análise de dados, levantamento de necessidades, verificação de informações, construção de tabelas e organização de categorias, as ferramentas de inteligência artificial também foram utilizadas para otimizar o processo de revisão textual, visando assegurar a clareza necessária.

Embora a rápida evolução da inteligência artificial seja evidente neste contexto, onde as versões de IA utilizadas neste projeto em 2023 já se tornaram obsoletas no momento em que este texto é escrito, os princípios que orientaram seu uso permanecem os mesmos.

A IA foi compreendida como um recurso complementar, e não como substituto do trabalho humano. Ao longo de todo o desenvolvimento, o trabalho das equipes e de *designers* de aprendizagem foi essencial para a criação dos conteúdos, definição dos objetivos de aprendizagem, escolha das estratégias e metodologias, estruturação dos materiais e validações. Esse uso estratégico da tecnologia permitiu agilizar etapas do processo, sem comprometer a personalização e a qualidade que eram necessárias.

No presente-futuro em que vivemos e desenvolvemos o PNC-SVO, o debate já não gira mais em torno da validade do uso dessas ferramentas, mas sim sobre como utilizá-las com intencionalidade e responsabilidade. Ferramentas tecnológicas foram aliadas potentes para automatizar o que pôde ser automatizado, liberando tempo e

---

2 - Plataforma de interação em tempo real para aulas, palestras e eventos.

energia para aquilo que demandou raciocínio humano: pensamento crítico, empatia, escuta ativa, criatividade e tomada de decisão em contextos complexos.

O modo como trabalhamos está em constante transformação e continuará evoluindo. Se o futuro é inevitavelmente mais tecnológico — e, em muitos aspectos, artificial — ele também precisa ser mais humano. E isso não foi uma contradição, mas uma diretriz. Colocar as pessoas no centro dos processos, compreender suas emoções, modos de pensar, rotinas e contextos, tudo isso se torna essencial quando falamos de aprendizagem significativa. Mesmo em contextos mediados por tecnologia, educar continuará sendo uma prática profundamente humana.

## Resultados

Foram elaborados percursos formativos personalizados para os profissionais do SVO. Com estrutura flexível e foco na personalização, cada trilha visou permitir que os participantes avancem de acordo com suas necessidades e realidades, assumindo o protagonismo sobre seu próprio desenvolvimento. Essa abordagem reflete uma escolha intencional de fomentar uma aprendizagem adaptativa, inclusiva e orientada à prática.

As trilhas estão organizadas em três categorias principais, conforme o público-alvo e os contextos de atuação:

1. Médicos Veterinários com funções de chefia ou coordenação;

2. Médicos Veterinários que atuam diretamente em atividades de campo;

3. Profissionais de nível técnico que atuam como auxiliares

Cada categoria contempla cursos que desenvolvem competências fundamentais, gerenciais e específicas, com diferentes níveis de aprofundamento, que serão indicados de maneira adaptada a cada grupo de profissionais. Os níveis de progressão foram elaborados considerando os princípios da Taxonomia dos objetivos educacionais de Benjamin S. Bloom. Ela é uma forma de organizar o grau de aprofundamento esperado para cada curso que compõe as trilhas de desenvolvimento. Essa estrutura visa garantir uma progressão lógica, guiando os participantes por etapas de desenvolvimento de competências de forma alinhada às atividades que exercem nas suas funções.

Os eixos de competência foram estruturados como conjuntos integrados de competências que sustentam a performance esperada em cada função. Reconhecendo a natureza multifuncional dos cargos no SVO, o modelo oferece flexibilidade para que cada participante, em conjunto com suas lideranças, escolha sua trilha com base nas atividades mais relevantes à sua realidade. Isso reforça a autonomia como valor e amplia a conformidade dos percursos às demandas reais.

Além dos cursos formais foi indicado o fortalecimento de uma rede entre os profissionais, por meio de grupos de trabalho, ações de prototipação e iniciativas de integração entre áreas. Essa teia colaborativa visa apoiar a aprendizagem como um processo coletivo, contínuo e orientado à prática. Além disso, conforme os participantes progridem no programa, foram indicados encontros de acompanhamento com as lideranças visando ajustes ao longo da jornada e aplicação prática do conhecimento no dia a dia.

Mais do que um conjunto de cursos, o PNC-SVO também foi desenvolvido com o objetivo de garantir sua durabilidade e adaptabilidade às diversas mudanças de cenário que podem ocorrer ao longo dos anos. Por isso, também foi desenvolvida a formação de profissionais do próprio MAPA e dos Serviços Veterinários Estaduais para atuarem como instrutores e *designers* de aprendizagem para construção, revisão e atualização dos cursos.

O PNC-SVO foi projetado para ser uma estratégia viva que reconheça na escuta ativa, na colaboração e no uso intencional da tecnologia os pilares de uma jornada de aprendizagem orientada por confiança, coautoria e propósito coletivo.

# SEU ESPAÇO

**REFLEXÕES**

**POR ONDE COMEÇAR?**

**QUEM ENVOLVER?**

**QUE RECURSOS SÃO NECESSÁRIOS?**

# REFERÊNCIA BIBLIOGRÁFICA

## Livros e Artigos

- ALVES, Flora. **Design de Aprendizagem com uso de Canvas –** Trahentem®. 1. ed. DVS Editora, 2016.

- ALVES, Flora. Gamification – **Como criar experiências de aprendizagem engajadoras, um guia completo: do conceito à prática**. 2. ed. DVS Editora, 2014.

- ALVES, Flora. Instrutor Master – **O papel do Instrutor no Processo de Aprendizagem**. 1. ed. DVS Editora, 2018.

- ALVES, Rubem. **Entre a ciência e a sapiência: O dilema da educação**. Loyola, 1999.

- ANDREATTA, Britt. **Programado para Resistir: A Neurociência explica por que as mudanças falham e um Novo Modelo para impulsionar o Sucesso**. 1. ed. DVS Editora, 2022.

- ARANHA, Maria Lúcia A. **História da Educação e Pedagogia**. 4 ed. Moderna, 2020.

- BARRETT, Richard. **A organização dirigida por valores. Liderando o potencial humano para a performance e a lucratividade**. Alta books, 2017.

- BIECH, Elaine. **The Art and Science of Training**. Association for Talent Development, 2016.

- BIECH, Elaine. **ATD's Handbook for Training and Talent Development**. 3 ed. ATD - Association for Talent Development, 2022.

- BOLES, Blake. **A Arte da Aprendizagem Autodirigida**. 1. ed. Affero Lab e Multiversidade, 2017. (Baseado no original em inglês: The Art of Self-Directed Learning, 2014).

- BOLLES, Gary A. **As Próximas Regras do Trabalho**. Alta Books, 2023.

- BROAD, Mary L.; NEWSTROM, John W. **Transfer of Training:**

**214** ■ REVOLUÇÃO DA APRENDIZAGEM

**Action-Packed Strategies to Ensure High Payoff from Training Investment**. 1992.

- CATANIA, A. Charles. **Aprendizagem: comportamento, linguagem e cognição**. 4.ed. Artmed, 1999.

- CLAXTON, Guy. **What's the point of school? Rediscovering the heart of education**. Oneworld – Oxford, 2008.

- DAIMLER, Melissa. **ReCulturing: Design Your Company Culture to Connect with Strategy and Purpose for Lasting Success**. McGraw Hill, 2022.

- DOERR, John. **Avalie o que Importa: Como o Google, Bono Vox e a Fundação Gates Sacudiram o Mundo com os OKRs**. 1. ed. Alta Books, 2019.

- EBOLI, Marisa. **Educação Corporativa no Brasil: Mitos e Verdades**. 2. ed. Editora Gente, 2004.

- FILATRO, Andrea; CAVALCANTI, Carolina Costa. **Metodologias Inovativas na educação presencial, a distância e corporativa**. Saraiva Educação, 2018.

- FINE, Sidney A.; CRONSHAW, Steven F. **Functional Job Analysis: A Foundation for Human Resources Management**, Routledge, 1999.

- GOTTFREDSON, Conrad; MOSHER, Bob. **Innovative Performance Support**. McGraw-Hill, 2010.

- GRANT, Adam. **Pense de novo: O poder de saber o que você não sabe**. 1. ed. Editora Sextante, 2021.

- ILLERIS, Knud. **Teorias contemporâneas da aprendizagem**. Penso, 2013.

- KAPP, Karl; BOLLER, Sharon. **Jogar para Aprender – tudo o que você precisa saber sobre design de jogos de aprendizagem eficazes**. DVS Editora, 2018.

- KERCHNER, Russell M.; CORCORAN, George F. **Circuitos de Corrente Alternada**. 1. ed. brasileira. Editora Globo, 1968. (Baseado na 4ª edição norte-americana de *Alternating-Current Circuits*, 1960).

- KNOWLES, Malcolm S. **Self-directed Learning. A Guide for Learners and Teachers**. Englewood Cliffs: Prentice Hall/Cambridge, 1975.

- MCKEOWN, Greg. **Essencialismo – A disciplina busca por menos**. Sextante, 2015.

- MAGER, Robert F.; PIPE, Peter. **Analyzing Performance Problems: Or, You Really Oughta Wanna--How to Figure out Why People Aren't Doing What They Should Be, and What to do About It**. 3. ed. The Center for Effective Performance Inc., 1997.

- MOURA, Mônica (Org.). **Faces do Design**. Editora Rosari, 2009.

- O'REILLY III, Charles A.; TUSHMAN, Michael L. **The Ambidextrous Organization**. Harvard Business Review, 1 abr. 2004.

- OSTERWALDER, Alexander; PIGNEUR, Yves. **Business Model Generation: Inovação em Modelos de Negócios**. 1. ed. Alta Books, 2011.

- PARKER, Priya. **A Arte dos Encontros: Como se reunir e a importância de estar perto dos outros**. 1. ed. Objetiva, 2022.

- POZO, Juan Ignacio. **Aprendizes e mestres: a nova cultura da aprendizagem**. Tradução Ernani Rosa. Porto Alegre: Artmed, 2008. Dados eletrônicos.

- SCHLOCHAUER, Conrado. **Lifelong learners – o poder do aprendizado contínuo: Aprenda a aprender e mantenha-se relevante em um mundo repleto de mudanças**. 1. ed. Editora Gente, 2021.

- SENGE, Peter M. **A Quinta Disciplina: Arte e prática da organização que aprende**. 38. ed. Best Seller, 2013.

- STALLARD, Michael Lee. **Connection Culture**. 2. ed. Association for Talent Development, 2020.

- STOLOVITCH, Harold D.; KEEPS, Erica J. **Informar não é Treinamento**. 1. ed. QualityMark, 2011.

- TALEB, Nassim N. **A lógica do cisne negro**. 3 ed., BestSeller, 2009.

- WICK, Calhoun; POLLOCK, Roy; JEFFERSON, Andrew. **As seis disciplinas que transformam educação em resultados para o negócio (6Ds)**. 1. ed. Editora Évora, 2011.

- WILBER, Ken. **A visão integral. Uma introdução à revolucionária abordagem integral da vida, de Deus,, do universo e de tudo mais**. Cultrix, 2008.

- WOJCICKI, Esther; IZUMI, Lance. **Moonshots in Education: Launching Blended Learning in the Classroom**. 1. ed. Pacific Research Institute, 2015.

### Publicações e Relatórios Online

- ASSOCIAÇÃO PARA O DESENVOLVIMENTO DE TALENTOS (ATD). **Managing the learning landscape**. https://www.td.org/store. 2014.

- CENTER FOR CREATIVE LEADERSHIP (CCL). **The 70-20-10 Rule for Leadership Development**. 2022. https://www.ccl.org/articles/leading-effectively-articles/70-20-10-rule/

- FÓRUM ECONÔMICO MUNDIAL. **Future of Jobs Report 2025**. 2025.

- GARTNER. **Stop Training Employees in Skills They'll Never Use**. https://www.gartner.com/smarterwithgartner/stop-training-employees-in-skills-theyll-never-use.

- GARTNER. **Top 5 Priorities for HR Leaders in 2025**.

- TAYLOR, Donald H. **L&D Global Sentiment Survey**.

Dedico a meu pai (Jedey), primeiro homem feminista presente na minha vida, não apenas este livro, mas tudo que ainda está por vir e que é fruto de tudo que continuo aprendendo com ele. Pai, você sempre estará comigo!

# SUGESTÃO DE LEITURA

**Gamification – Como Criar Experiências De Aprendizagem Engajadoras**

No livro, a autora Flora Alves mostra como profissionais que trabalham com ensino e instrução podem utilizar elementos dos games para potencializar resultados. Para isso, ela esmiúça o conceito, cita exemplos reais e mostra como e quando colocar o gamification em prática.

**Instrutor Master: O Papel do Instrutor no Processo de Aprendizagem**

Neste livro, Flora Alves aborda as competências essenciais para um instrutor e como cada uma delas se transforma em comportamentos observáveis colocando quem aprende no centro do processo. Um guia para todos que atuam como facilitadores, multiplicadores e consultores.

**Design de Aprendizagem com uso de Canvas – Trahentem®**

Consagrado entre os *designers* instrucionais, esta é uma obra para pessoas que acreditam no poder da simplicidade. Flora Alves redefine o *Design* de Aprendizagem e o desmitifica traduzindo a teoria em prática de maneira visual, colaborativa e consistente. Livro traduzido para inglês e espanhol.

www.dvseditora.com.br

**Impressão e Acabamento | Gráfica Viena**
Todo papel desta obra possui certificação FSC® do fabricante.
Produzido conforme melhores práticas de gestão ambiental (ISO 14001)
www.graficaviena.com.br